生命是什么
What is Life

[奥] 埃尔温·薛定谔 著　罗来鸥 罗辽复 译
Erwin Schrödinger

湖南科学技术出版社

图书在版编目（CIP）数据

生命是什么 / （奥）埃尔温·薛定谔著；罗来鸥，罗辽复译. — 长沙：湖南科学技术出版社，2018.1（2024.2重印）
（第一推动丛书.生命系列）
ISBN 978-7-5357-9498-7

Ⅰ.①生… Ⅱ.①埃… ②罗… ③罗… Ⅲ.①生命科学—普及读物 Ⅳ.① Q1-0
中国版本图书馆 CIP 数据核字（2017）第 226192 号

What Is Life
Copyright © Cambridge University Press 1967
Foreword to What Is Life
by Roger Penrose © Cambridge University Press 1967
This simplified Chinese edition for the People's Republic of China (excluding Hong Kong, Macau and Taiwan) is published by arrangement with the Press Syndicate of the University of Cambridge, Cambridge, United Kingdom.
© Cambridge University Press and Hunan Science & Technology Press 2017
This simplified Chinese edition is authorized for sale in the People's Republic of China (excluding Hong Kong, Macau and Taiwan) only. Unauthorised export of this simplified Chinese edition is a violation of the Copyright Act. No part of this publication may be reproduced or distributed by any means, or stored in a database or retrieval system, without the prior written permission of Cambridge University Press and Hunan Science & Technology Press

湖南科学技术出版社通过英国剑桥大学出版社独家获得本书中文简体版中国大陆出版发行权，本作品根据英国剑桥大学出版社 2001 年版本译出。
著作权合同登记号 18-2015-102

SHENGMING SHI SHENME
生命是什么

著者	印刷
[奥]埃尔温·薛定谔	长沙市宏发印刷有限公司
译者	厂址
罗来鸥 罗辽复	长沙市开福区捞刀河大星村343号
出版人	邮编
潘晓山	410153
责任编辑	版次
陈刚 吴炜 戴涛 李蓓	2018 年 1 月第 1 版
装帧设计	印次
邵年 李叶 李星霖 赵宛青	2024 年 2 月第 7 次印刷
出版发行	开本
湖南科学技术出版社	880mm×1230mm 1/32
社址	印张
长沙市芙蓉中路一段416号	7
泊富国际金融中心	字数
http://www.hnstp.com	149 千字
湖南科学技术出版社	书号
天猫旗舰店网址	ISBN 978-7-5357-9498-7
http://hnkjcbs.tmall.com	定价
邮购联系	39.00 元
本社直销科 0731-84375808	

THE
FIRST
MOVER

总序

《第一推动丛书》编委会

科学，特别是自然科学，最重要的目标之一，就是追寻科学本身的原动力，或曰追寻其第一推动。同时，科学的这种追求精神本身，又成为社会发展和人类进步的一种最基本的推动。

科学总是寻求发现和了解客观世界的新现象，研究和掌握新规律，总是在不懈地追求真理。科学是认真的、严谨的、实事求是的，同时，科学又是创造的。科学的最基本态度之一就是疑问，科学的最基本精神之一就是批判。

的确，科学活动，特别是自然科学活动，比起其他的人类活动来，其最基本特征就是不断进步。哪怕在其他方面倒退的时候，科学却总是进步着，即使是缓慢而艰难的进步。这表明，自然科学活动中包含着人类的最进步因素。

正是在这个意义上，科学堪称为人类进步的"第一推动"。

科学教育，特别是自然科学的教育，是提高人们素质的重要因素，是现代教育的一个核心。科学教育不仅使人获得生活和工作所需的知识和技能，更重要的是使人获得科学思想、科学精神、科学态度以及科学方法的熏陶和培养，使人获得非生物本能的智慧，获得非与生俱来的灵魂。可以这样说，没有科学的"教育"，只是培养信仰，而不是教育。没有受过科学教育的人，只能称为受过训练，而非受过教育。

正是在这个意义上，科学堪称为使人进化为现代人的"第一推动"。

近百年来，无数仁人志士意识到，强国富民再造中国离不开科学技术，他们为摆脱愚昧与无知做了艰苦卓绝的奋斗。中国的科学先贤们代代相传，不遗余力地为中国的进步献身于科学启蒙运动，以图完成国人的强国梦。然而可以说，这个目标远未达到。今日的中国需要新的科学启蒙，需要现代科学教育。只有全社会的人具备较高的科学素质，以科学的精神和思想、科学的态度和方法作为探讨和解决各类问题的共同基础和出发点，社会才能更好地向前发展和进步。因此，中国的进步离不开科学，是毋庸置疑的。

正是在这个意义上，似乎可以说，科学已被公认是中国进步所必不可少的推动。

然而，这并不意味着，科学的精神也同样地被公认和接受。虽然，科学已渗透到社会的各个领域和层面，科学的价值和地位也更高了，但是，毋庸讳言，在一定的范围内或某些特定时候，人们只是承认"科学是有用的"，只停留在对科学所带来的结果的接受和承认，而不是对科学的原动力——科学的精神的接受和承认。此种现象的存在也是不能忽视的。

科学的精神之一，是它自身就是自身的"第一推动"。也就是说，科学活动在原则上不隶属于服务于神学，不隶属于服务于儒学，科学活动在原则上也不隶属于服务于任何哲学。科学是超越宗教差别的，超越民族差别的，超越党派差别的，超越文化和地域差别的，科学是普适的、独立的，它自身就是自身的主宰。

　　湖南科学技术出版社精选了一批关于科学思想和科学精神的世界名著，请有关学者译成中文出版，其目的就是为了传播科学精神和科学思想，特别是自然科学的精神和思想，从而起到倡导科学精神，推动科技发展，对全民进行新的科学启蒙和科学教育的作用，为中国的进步做一点推动。丛书定名为"第一推动"，当然并非说其中每一册都是第一推动，但是可以肯定，蕴含在每一册中的科学的内容、观点、思想和精神，都会使你或多或少地更接近第一推动，或多或少地发现自身如何成为自身的主宰。

再版序
一个坠落苹果的两面：
极端智慧与极致想象

龚曙光
2017年9月8日凌晨于抱朴庐

连我们自己也很惊讶，《第一推动丛书》已经出了25年。

或许，因为全神贯注于每一本书的编辑和出版细节，反倒忽视了这套丛书的出版历程，忽视了自己头上的黑发渐染霜雪，忽视了团队编辑的老退新替，忽视好些早年的读者已经成长为多个领域的栋梁。

对于一套丛书的出版而言，25年的确是一段不短的历程；对于科学研究的进程而言，四分之一个世纪更是一部跨越式的历史。古人"洞中方七日，世上已千秋"的时间感，用来形容人类科学探求的速律，倒也恰当和准确。回头看看我们逐年出版的这些科普著作，许多当年的假设已经被证实，也有一些结论被证伪；许多当年的理论已经被孵化，也有一些发明被淘汰……

无论这些著作阐释的学科和学说属于以上所说的哪种状况，都本质地呈现了科学探索的旨趣与真相：科学永远是一个求真的过程，所谓的真理，都只是这一过程中的阶段性成果。论证被想象讪笑，结论被假设挑衅，人类以其最优越的物种秉赋——智慧，让锐利无比的理性之刃，和绚烂无比的想象之花相克相生，相否相成。在形形色色的生活中，似乎没有哪一个领域如同科学探索一样，既是一次次伟大的理性历险，又是一次次极致的感性审美。科学家们穷其毕生所奉献的，不仅仅是我们无法发现的科学结论，还是我们无法展开的绚丽想象。在我们难以感知的极小与极大世界中，没有他们记历这些伟大历险和极致审美的科普著作，我们不但永远无法洞悉我们赖以生存世界的各种奥秘，无法领略我们难以抵达世界的各种美丽，更无法认知人类在找到真理和遭遇美景时的心路历程。在这个意义上，科普是人类极端智慧和极致审美的结晶,是物种独有的精神文本,是人类任何其他创造 —— 神学、哲学、文学和艺术无法替代的文明载体。

在神学家给出"我是谁"的结论后,整个人类,不仅仅是科学家,包括庸常生活中的我们,都企图突破宗教教义的铁窗,自由探求世界的本质。于是,时间、物质和本源,成为了人类共同的终极探寻之地,成为了人类突破慵懒、挣脱琐碎、拒绝因袭的历险之旅。这一旅程中,引领着我们艰难而快乐前行的,是那一代又一代最伟大的科学家。他们是极端的智者和极致的幻想家,是真理的先知和审美的天使。

我曾有幸采访《时间简史》的作者史蒂芬·霍金,他痛苦地斜躺在轮椅上,用特制的语音器和我交谈。聆听着由他按击出的极其单调的金属般的音符,我确信,那个只留下萎缩的躯干和游丝一般生命气息的智者就是先知,就是上帝遣派给人类的孤独使者。倘若不是亲眼所见,你根本无法相信,那些深奥到极致而又浅白到极致,简练到极致而又美丽到极致的天书,竟是他蜷缩在轮椅上,用唯一能够动弹的手指,一个语音一个语音按击出来的。如果不是为了引导人类,你想象不出他人生此行还能有其他的目的。

无怪《时间简史》如此畅销!自出版始,每年都在中文图书的畅销榜上。其实何止《时间简史》,霍金的其他著作,《第一推动丛书》所遴选的其他作者著作,25年来都在热销。据此我们相信,这些著作不仅属于某一代人,甚至不仅属于20世纪。只要人类仍在为时间、物质乃至本源的命题所困扰,只要人类仍在为求真与审美的本能所驱动,丛书中的著作,便是永不过时的启蒙读本,永不熄灭的引领之光。

虽然著作中的某些假说会被否定，某些理论会被超越，但科学家们探求真理的精神，思考宇宙的智慧，感悟时空的审美，必将与日月同辉，成为人类进化中永不腐朽的历史界碑。

因而在25年这一时间节点上，我们合集再版这套丛书，便不只是为了纪念出版行为本身，更多的则是为了彰显这些著作的不朽，为了向新的时代和新的读者告白：21世纪不仅需要科学的功利，而且需要科学的审美。

当然，我们深知，并非所有的发现都为人类带来福祉，并非所有的创造都为世界带来安宁。在科学仍在为政治集团和经济集团所利用，甚至垄断的时代，初衷与结果悖反、无辜与有罪并存的科学公案屡见不鲜。对于科学可能带来的负能量，只能由了解科技的公民用群体的意愿抑制和抵消：选择推进人类进化的科学方向，选择造福人类生存的科学发现，是每个现代公民对自己，也是对物种应当肩负的一份责任、应该表达的一种诉求！在这一理解上，我们将科普阅读不仅视为一种个人爱好，而且视为一种公共使命！

牛顿站在苹果树下，在苹果坠落的那一刹那，他的顿悟一定不只包含了对于地心引力的推断，而且包含了对于苹果与地球、地球与行星、行星与未知宇宙奇妙关系的想象。我相信，那不仅仅是一次枯燥之极的理性推演，而且是一次瑰丽之极的感性审美……

如果说，求真与审美，是这套丛书难以评估的价值，那么，极端的智慧与极致的想象，则是这套丛书无法穷尽的魅力！

前言

罗杰·彭罗斯
1991 年 8 月 8 日

　　在1950年初，当我还是一名学数学的年轻学生时，我读的书并不是很多，但我还是读了一些埃尔温·薛定谔的论著，至少是读完了这本书。我总是发现他的著作很吸引人，包含令人兴奋的新发现，能使我们对生活其间的这个神秘世界获得一些真正的新了解。在他的论著中，没有比他的短篇名著《生命是什么》更具有上述典型特征的了。我认识到这本书一定会跻身于本世纪最有影响的科学著作之列。它代表了一个物理学家力图理解一些真正的生命之谜的有力尝试，这位物理学家的深刻洞察力在很大程度上已经改变了人们对世界组成的理解。尽管这本书所涉及的交叉科学内涵之广博在当时是罕见的，但对于非专业读者和希望成为科学家的年轻人来说，它的笔触又是那样亲切、轻松和谦虚。的确，很多在生物学领域做出过重要贡献的科学家（如霍尔丹和克里克），都承认受到过这位具有高度独创性和缜密思维的物理学家在本书中提出的诸多观念的影响，尽管他们并不总是完全同意他的观点。

　　正如许多对人类思维有较大影响的著作一样，它提出了一系列一旦被掌握，其真实性就显而易见的论点；然而令人不安的是这些观点至今仍被大部分人所忽视，虽然他们本应对此有更深入的了解。例如，我们不是经常听到"量子效应与生物学研究没有多大关系"，或者"我们吃东西是为了获取能量"这样的议论吗？这说明了薛定谔在《生命是什么》一书中所论述的内容直至今日仍然适用。它确实值得一读再读。

序言

埃尔温·薛定谔
1944 年 9 月
都柏林

人们普遍认为，科学家总是对某一学科具有广博深邃的第一手知识的，因而他不会就并不精通的论题去著书立说。这就是所谓的尊贵者负重任。可是，为了目前这本书的写作，我恳请放弃任何尊贵——如果有的话，从而也免去随之而来的重任。我的理由是：

我们从先辈那里继承了对于统一的、无所不包的知识的强烈渴望。最高学府（大学，"大学"一词在英文中和普遍性同字根）这个名称使我们想起了从古到今多少世纪以来，只有普遍性才是唯一可打满分的。可是近100多年来，知识的各种分支在广度和深度上的扩展使我们陷入了一种奇异的两难境地。我们清楚地感到，一方面我们现在还只是刚刚开始获得某些可靠的资料，试图把所有已知的知识综合成为一个统一的整体；可是，另一方面，一个人想要驾御比一个狭小的专门领域再多一点的知识，也已经是几乎不可能的了。

除非我们中有些人敢于去着手总结那些事实和理论，即使其中有的是属于第二手的和不完备的知识，而且还敢于去冒自己被看成蠢人的风险，除此之外，我看不到再有摆脱这种两难境地的其他办法了。要么，我们的真正目的永远不可能达到。

这就是我的意见。

语言的障碍和困难是不能忽视的。一个人的本民族语言就像一件合体的外衣，可是当它不在身边而不得不另找一件来代替时，此人是绝不会感到很舒服的。我要感谢因克斯特博士（都柏林三一学院）、巴德赖格·布朗博士（梅鲁圣巴里克学院）；最后，我还要感谢 S.C. 罗伯茨先生。这几位朋友费了很大力气使新外衣适合我的身材；而我有时不肯放弃自己设计的式样，还给他们增加了不少新麻烦。当然，如果书中还残留一些独创式样的不妥，那责任在我而不在他们。

很多节的标题本是作为页边的摘要写上去的，每一章的正文应该前后连贯地读下去。

自由的人绝少思虑到死；他的智慧，不是死的默念，而是生的沉思。
——斯宾诺莎《伦理学》第四部分，命题67

目录

1

第1章
经典物理学家走近这个主题

"我思故我在。"

——笛卡尔

研究的一般性质和目的

　　这本小册子是一位理论物理学家对大约400名听众作的一次公开讲演。虽然一开始我就指出这是一个难懂的题目，即使很少使用物理学家最吓人的武器——数学演绎法，讲演也不可能是很通俗的，可是听众却基本上没减少。其所以如此，并非由于这个题目太简单，以至不必用数学就可以解释明白了，而是因为问题过于复杂，不可能完全用数学语言来表达。讲演至少还有一个特点——它还较为通俗，讲演者试图把那些介于生物学和物理学之间的基本概念，既向物理学家也向生物学家讲清楚。

　　尽管实际上涉及的问题是多方面的，但我的任务只限于讲一个想法——对一个重大问题做一点小小的评论。为了不迷失我们的方向，先把计划简要地勾画出来。

　　这个讨论得很多的重大问题是：

一个生命有机体的范围内在空间和时间中发生的事件，如何用物理学和化学来解释？

这本小册子力求阐明和获得的初步答案可概括为：

今天的物理学和化学在解释这些事件时显出的无能，绝不应成为怀疑它们原则上可以用这些学科来诠释的理由。

统计物理学　结构上的根本差别

如果说，只是为了对那些过去没有做成功的事重新激发起希望，那么上述这个注释就显得过于平淡了。更为积极的意义在于我们想说明，物理学和化学的这种迄今为止的无能为力是经过充分论证了的。

今天，由于生物学家，主要是遗传学家近三四十年来的创造性工作，关于有机体真实的物质结构及其功能的了解已经足以精确地说明，现代物理学和化学为什么还不能解释生命有机体范围内在空间和时间中所发生的事件。

一个有机体的最具活性部分的原子排列及其相互作用方式，和迄今所有的物理学家和化学家作为实验和理论研究对象的所有其他的原子排列是根本不同的。除了深信物理学和化学的定律始终是统计力学性质的那些物理学家外，其他人会把我所说的这种根本差别看成是无足轻重且容易发生的[1]。这是因为他们会认为生命有机体的活性部分的结构非常特别，和物理学家或化学家在实验室里用体力或在书桌边用脑力所处理的任何物质完全不同，这种看法同统计力学的观点有关系[2]。既然生命有机体的活性部分具有如此特异的结构，要把物理学家或化学家曾经发现的定律和规则直接应用到这种系统的行为上去，而这个系统却又不具有作为这些定律和规则的基础的结构——要能直接应用，这几乎是难以想象的。

不能指望非物理学家能理解我刚才用那么抽象的词句所表达的"统计力学结构"的精确含义，更不必说去鉴别这些含义之间的关系了。为了让叙述增添一点声色，我先把后面要详细说明的内容提前讲一下：一个活细胞的最重要的部分——染色体纤丝——可以颇为恰当地称为非周期性晶体。迄今为止，在物理学中我们碰到的只是周期性晶体。对于一位并不高明的物理学家来说，周期性晶体已是十分有趣而复杂的东西了；它们构成了最有吸引力和最复杂的一种物质结构，由于这种结构，无生命的自然界已经使物理学家费尽心思了。可是，它们同非周期性晶体相比，还是相当简单而平庸的。两者之间结构上的差别，就好比一张是重复同一花纹的糊墙纸；另一幅则是堪称杰作的刺绣，比如说，一条拉斐尔[3]花毡，它显示的并不是单调的令人讨厌的重复，而是那位大师精致的、有条理的、富含意义的设计。

---

1. 这个说法可能显得有点笼统。这个问题要到本书末第7章的7～8节才来讨论。
2. F.G.道南在两篇富有启发性的论文中强调了这个观点。见《科学》（*Sci-entia*）24卷，78期，10页，1918年（《物理化学能否描述生物学现象》）；《1929年斯密斯学院报告》第309页（《生命的秘密》）。
3. Raffaèllo Sanzio（1483 — 1520），文艺复兴时期著名的意大利画家。他的绘画在生动优美之上又有高度的理想加工，奠定了西方近代绘画的典范风格，有"画圣"之称。他创作了大批壁画（如《雅典学派》）、圣母画、祭坛画和肖像画。——译者注把周期性晶体称为最复杂的研究对象之一，当然是对专门的物理学家而言。实际上，有机化学家在研究越来越复杂的分子时，已经非常接近"非周期性晶体"了，我认为其实那就是生命的物质载体。因此，有机化学家对生命问题已做出了重大贡献，而物理学家却几乎毫无建树，也就一点也不奇怪了。

一个朴素物理学家对这个主题的探讨

在简要地说明了研究工作的基本观点——或者不如说是最终的视角——以后，让我来描述一下如何走近这个主题。

首先我打算解释一下什么是"一个朴素物理学家关于有机体的观点"。这里我是指一位物理学家可能会想到的那些观点。这位物理学家在学习了物理学，特别是物理学的统计力学基础以后，开始思考有机体的活动和功能的方式。他忖量并自问：根据学到的知识，根据比较简明的基本的科学观点，能否对这个问题做出一些适当的解释呢？

他发现是能够做出解释的。下一步，他就开始把理论预见和生物学事实作比较。比较结果说明了他的观点大体上是合理的，但需要做一些修正。如此下去，他就逐渐接近正确的观点，或者谦虚点说，接近自己认为正确的观点。

即使在此我是正确的，我也不知道这条探索途径是否真正是最好的和最简单的。不过，这毕竟是我的途径。这位"朴素物理学家"就是我自己。除了这一条曲折的道路外，我找不到通往这个目标的更好的、更清晰的方法。

为什么原子是如此之小

　　阐明"朴素物理学家的观点"的一个好方法是从这个可笑的、有点滑稽的问题开始的，即为什么原子是如此之小？首先，它们确实是很小的。日常生活中的每一小块物质都含有大量的原子。为了让听众理解这一点，可以有许多例子，但没有比开尔文勋爵[1] 所引用的例子更能给人以深刻的印象：假定给一杯水中的分子一个一个做上标记，再把这杯水倒进海洋，然后彻底搅拌，使得有标记的分子均匀地分布在全世界的七大洋中；如果你从海洋中任一处舀出一杯水来，将发现这杯水中大约有100[2] 个已标记的分子。

　　原子的实际大小在黄色光波长的1/5 000到1/2 000之间[3]。这个比较的意义在于，波长粗略地指出了在显微镜下仍能辨认的最小微粒的大小。就拿这么小的、尺度为黄色波长的微粒来说，它的体积中还含有几十亿个原子。

　　那么，为什么原子是如此之小呢？

---

1. William Thomson Kelvin（1824—1907），英国物理学家。是热力学第二定律的两个发现者之一，在电磁学领域（包括电磁测量、电工仪器等方面）也有重要贡献，是大西洋海底电缆的建造者。——译者注
2. 当然，你不会正好找到100个（即使这个结果是经过精确计算的）。你可能找到88个、95个、107个或112个，但也不会少于50个或多到150个。预期"偏差"或"涨落"是100的平方根，即10个。统计学家是这样来表达的：你将找到100 ± 10个。这个注释可暂时略过，后面还会提到。它为统计学的 $\sqrt{n}$ 律提供了一个例子。
3. 根据目前的看法，一个原子是没有明确界限的，因而一个原子的"大小"并不是含义十分确切的概念。不过，我们可以用固体或液体内原子中心之间的距离来确定它（或者来代替它）。当然，不是在气体状态，因为在常温常压下，气态中的这个距离几乎要大10倍。

　　这个问题显然不能光从表面来回答。因为问题的真正目的并不在于原子的大小，它关心的是有机体的大小，特别是我们自己身体的大小。当我们以日常的长度单位，比如码（1码约为0.9144米）或米作为量度时，原子确实是很小的。在原子物理学中，人们通常用埃（简写为Å）的单位来度量，这是1米的百亿分之一，或以十进位小数计算则是0.0000000001米。原子的直径在1～2埃的范围内。日常单位同我们身体的大小是密切相关的。有一个故事说，码是起源于一个英国国王的幽默故事。他的大臣问他采用什么单位，他就把手臂向旁边一伸，说："取我胸部中央到手指尖的距离就行了。"不管这个故事是真是假，对我们来说它的意义在于：这个国王很自然地提出了一个可以同自己的身体相比拟的长度，他知道用其他任何东西做单位都是不方便的。不管物理学家怎样偏爱"埃"这个单位，但当他做一件新衣服时，还是喜欢别人告诉他新衣需用六码半（约为5.9436米）花，而不是650亿埃的花。

　　所以，我们提出的问题的真正目的在于两种长度 —— 我们身体的长度和原子的长度 —— 的比例。考虑到原子作为一种独立存在的特殊重要性，问题应该反过来提：同原子相比，我们的身体为什么一定要这么大？

　　我能够想象到，许多聪明的物理学系和化学系的学生会对下列事实感到多么遗憾。我们的每一个感官构成了身体上多少有点重要的部分，然而从上述比例来看，它们却是由无数原子组成的，对于感受单个原子的碰撞来说，它们显然是过于粗糙、太不灵敏了。单个原子我们是看不见、摸不着，也听不到的。假说中的原子远远不同于我们粗大迟钝的感官所直接发现的东西，而且也不能通过直接观察来检验这些原子。

一定是那样的吗？有没有内在的原因可以解释呢？为了确认并理解为什么感官和大自然的规律性如此不相适应，我们能由此追溯到某种第一原理吗？

这是物理学家能够完全搞清楚的一个问题。对上面提问的回答都是肯定的。

有机体的活动需要精确的物理学定律

如果生物有机体的感官不那么迟钝，而是能敏锐地感觉到单个原子，或者少数几个原子，就能在我们的感官上产生知觉印象 —— 天哪，生命将像个什么样子呢？我要着重指出：可以肯定地说，一个那种样子的有机体是绝不可能发育出有序的思维的，而正是这种有序的思维在经历了漫长的时期和阶段后，才终于形成了原子的观念和许多其他的观念。

尽管我们只选择了感官来谈，下面的考虑对于大脑和感觉系统以外的各个器官的功能也是适用的。然而对我们自身来说，唯一具有特殊兴趣的事件还是：我们在感觉、思维和知觉。对于产生思想和感觉的生理过程来说，除了大脑和感觉系统以外，其他所有器官的功能只是起辅助作用，假如不是从纯客观的生物学观点来看问题，至少从我们人类的观点来看是如此的。而且，这将大大有利于我们去挑选那种和人类认识紧密伴随着的过程来进行研究，尽管我们对这种紧密伴随的平行性质一无所知。其实，我认为那已经超出了自然科学范围之外，而且也许是完全超出了人类理性之外。

让我们回过来讨论下述问题：像人类的大脑这样的器官以及附属于它的感觉系统，为什么必须由大量的原子来构成，才能使其变化着的物理状态密切地对应于高度发展的思想？大脑作为一个整体，以及它直接同环境相互作用的某些外围部分，和一台精巧而灵敏的足以反应并记录来自外界的单个原子的碰撞的机器相比，为什么它们是不相同的呢？

有两个理由：第一，我们所说的思想本身是一个有秩序的东西；第二，它只能置于具有一定有序性的资料，即知觉或经验之上。这有两个结果：第一，同思想紧密对应的躯体组织（如紧密对应于我的思想的头脑）一定是十分有秩序的组织，在它内部发生的事件必须遵循严格的物理学定律，并且有高度的准确性；第二，外界其他物体对于这个具有良好组织的物理系统所产生的身体上的响应，显然和相应思想的知觉和经验相对应，构成了我所说的思想的资料。因此一般说来，这个系统和外界之间的物理学相互作用具有某种程度的物理学秩序，就是说，它们也必须遵循严格的物理学定律并达到一定程度的准确度。

物理学定律是以原子统计力学为根据的，因而只是近似的

仅由少量原子构成的对于一个或几个原子的碰撞就已经敏感的有机体，为什么不能实现上述目的呢？

因为我们知道，所有的原子每时每刻都在进行着毫无秩序的热运动。这种混乱的运动抵消了它们的有秩序的行动，使得发生在少量原子之间的事件不能有规律地表现出来。只有在无数原子的合作中，统计学定律才开始影响和控制这些集合体（系统）的行为，它的精确性随着系统包含的原子数目的增加而增加。观测到的事件就是通过这样的途径获得了真正有序的特性。现已知道，在有机体的生命过程中起重要作用的所有物理学和化学的定律都是这种统计性的定律；人们所能设想的任何其他类型的规律性和秩序性，总是被原子的不停的热运动所扰乱，或是被搞得不起作用。

它们的精确性是以大量原子的介入为基础的第一个例子（顺磁性）

我想用几个例子来说明这一点。这是从许多例子中随便挑出的几个，对于初次了解自然界状况的读者来说，不一定正好就是他最满意的例子。这里所说的"自然界状况"在现代物理学和化学中是最基本的概念，就像生物学中的"有机体是细胞组成的"，或天文学中的牛顿定律，甚至像数学中的整数序列1，2，3，4，5，…等基本事实一样。不应该期望一个十足的外行读了下面几页就能充分理解和领会这个问题。这个问题是同路德维希·玻耳兹曼[1]和威拉德·吉布斯[2]的光辉名字联在一起的，在教科书中称之为"统计热力学"。

---

1. Ludwig Boltzmann（1844—1906），奥地利物理学家、原子论的积极维护者、统计物理学的重要奠基人，他建立了气体分子运动论，并提出了热力学熵同宏观态所对应的可能的微观态数目的关系。——译者注
2. Josiah Willard Gibbs（1839—1903），美国物理学家、化学热力学的创立者之一，引入统计系综的方法，建立了经典平衡态统计力学的系综理论。——译者注

　　如果在一个长方形石英管里充氧，并把它放入磁场，你会发现气体被磁化了[1]。这种磁化是由于氧分子是一些小的磁体，它们像罗盘针似的有着使自己与磁场平行的趋向（图1）。可是你别认为它们全部转向了与磁场平行的单一方向。因为如果你把磁场加倍，氧气中的磁化作用也会加倍，更多的氧分子磁体会趋向于这个方向。磁化作用随着你作用的场强而增加，这种正比例关系可以保持到极高的场强。

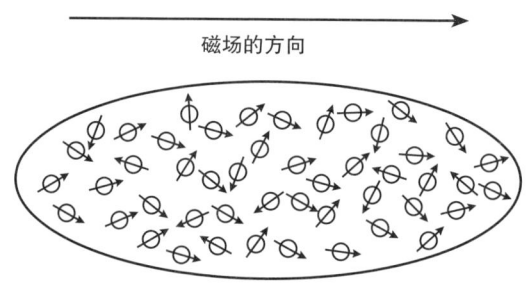

图1　顺磁性

　　这是纯粹统计定律的一个特别清楚的例子。磁场倾向于产生确定取向，也不断地遭到倾向于随机取向的热运动的对抗。这样斗争的结果，实际上只是使磁偶极子轴（氧分子小磁体的南北极轴）同场方向间的夹角小于90°比大于90°稍占优势。虽然是单个原子在无休止地改变取向，然而由于它们数量巨大，平均来看，朝着场的方向并与场强成比例的趋向稍占优势。这一创造性的解释是法国物理学家P. 郎之万[2] 作出的。可以用下面的方法来验证。如果观察到的弱磁化确是两种对抗趋势平衡的结果，确是力图使所有分子平行于磁场，同

---

1. 选用气体是由于它比固体或液体更单纯，这种情况下的磁化作用是极弱的，但无碍于理论上的考察。
2. Paul Langevin（1872—1946），法国物理学家，发展了布朗运动的涨落理论，提出了磁性理论，对于狭义相对论也有重要贡献。——译者注

随机取向的热运动的对抗趋势的结果，那就应该有可能通过减弱热运动来增强磁化作用，即用降低温度来代替加强磁场，以达到相同的效果。实验已经证实了这一点，实验结果是磁化与绝对温度成反比，与理论预期（居里定律）定量地相符。现代的实验装置甚至能使我们通过降低温度把热运动减低到如此的不明显，以至能够充分显示出磁场的完全取向效应，如果不是全部，至少也是部分的"完全磁化"。这时，我们不再期望场强加倍会使磁化加倍，而是随着场的进一步增强，磁化的增强愈来愈少，接近于所谓的"饱和"。这个预期也定量地被实验所证实了。

要注意的是，这种情况的出现完全依赖于产生可观察的磁化时参与合作的分子的巨大数量。否则，磁化就根本不会是恒定的，而是无休止地不规则地变动着。这是热运动同磁场二者之间抗衡消长的明显证明。

第二个例子（布朗运动，扩散）

如果把微滴组成的雾装进一个密闭玻璃容器的底部，你将发现雾的上边界按一定的速度逐渐下沉（图2），这种速度取决于空气的黏度和微滴的大小及相对密度。可是，如果你在显微镜下注视一粒微滴，那么你会发现它并不是以恒定的速度一直下沉，而是在做一种十分不规则的运动（图3），即所谓的布朗运动。只有平均地看，这种运动才相当于一种有规则的下沉。

这些微滴并不是原子，可是它们既小又轻，足以让我们感受到单个分子不断冲击它表面的碰撞。它们就是这样被碰来碰去，只是平均来说才有跟从重力影响的下沉倾向。

这个例子说明，如果人类的感官也能感觉到少量几个分子的碰撞，那我们将会有多么莫名其妙和杂乱无章的经验呀！事实上，细菌等有机体是如此之小，它们将可能受到这种现象的强烈影响。它们的运动是由周围环境中分子的热运动所决定的，自己没有多少自由选择的余地。如果它们自己有一点动力，还是有可能成功地从一处移到另一处的，但是这有点困难，因为受着热运动的颠簸，它们像漂浮在惊涛骇浪中的一叶扁舟。

非常类似于布朗运动的是扩散现象。在一只装满液体，比如装满水的容器中，溶解少量的有色物质，比如高锰酸钾，并使它的浓度不均匀，如图4所示，那里的小点代表溶质分子（高锰酸钾），浓度从左到右递减。如果你对这个系统放手不管，那么就开始了很缓慢的"扩散"过程。高锰酸钾将按从左到右的方向散布过去，就是说，从高浓度处向低浓度处散布，直到均匀地分布于水中为止。

对于这个相当简单的、并不特别有趣的过程来说，值得注意的是，绝非如人们最初想象的那样，高锰酸钾分子在某种单一趋向或力量的迫使下从稠密区迁到稀疏区——如同一个国家的人口分散到有更多活动余地的地区去那样。在高锰酸钾分子那里，事情根本不是那样的。每一个高锰酸钾分子对所有其他的高锰酸钾分子来说，是完全独立地行动着，很少和其他高锰酸钾分子相碰撞。可是，每一个高锰酸钾分子，无论是在稠密区还是在空旷区，都遭到水分子的不断撞击，从而

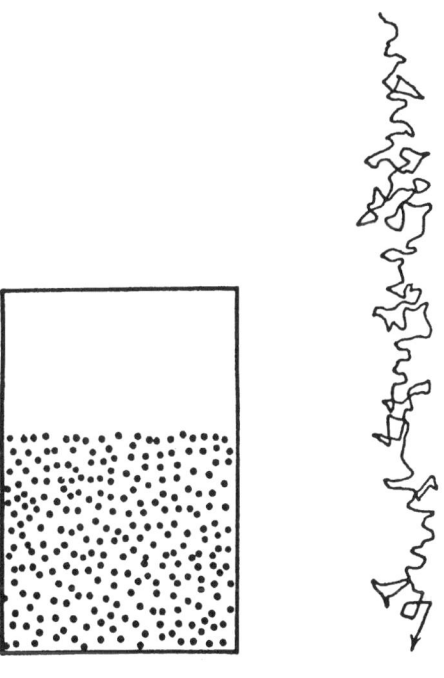

图2　沉降的雾　　　　　　　图3　下沉微滴的布朗运动

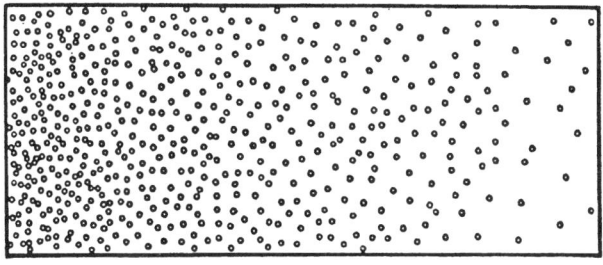

图4　在不均匀浓度的溶液中，从左到右地扩散

向着一种不可预言的方向逐渐移动 —— 有时朝高浓度的方向，有时朝低浓度的方向，有时则是斜向移动。这种运动，同蒙住眼睛的人的活动相似。这个蒙住眼睛的人站在地面上，充满了某种"行走"的欲望，可是他并没有选定任何特定的方向，因而不断地变换着他的路线。

尽管所有单个的高锰酸钾分子都是这样随机地行走着，还是在总体上产生了一种有规则的朝低浓度方向的流动，最后造成浓度的均匀分布。乍看起来，这是令人困惑不解的 —— 但仅仅是乍看起来而已。如果你把图4想象为一层层浓度几乎恒定的薄片，考察某一瞬间某一薄片所含的高锰酸钾分子，由于随机走动，确实每一个分子都有相等的概率被带到右边或左边去。但正是由于这一点，通过某一分隔两层相邻薄片的假想平面的分子，来自左面的比来自右面的要多，这是左面比右面有更多的分子参与随机行走的缘故。只要是这种情况，总体上将表现为一种自左到右的有规则的流动，直到均匀分布。

把这些想法转换成数学语言，扩散定律可用下面的偏微分方程来精确表达：

$$\frac{\partial \rho}{\partial t} = D\nabla^2 \rho \ ,$$

我不打算解释这个方程式来麻烦读者，虽然它的含义用普通语言来说也是很简单的[1]。这里之所以提到严格的"数学上精确的"定律，是为

---

1. 就是说，任何一点上的浓度都按一定的变化率随时间增加（或减少），这种变化率是同该点无限小的环境内浓度在空间中的变化成比例的。顺便讲一下，热传导定律正是这个形式，只要用"温度"代替"浓度"就可以了。

了强调它应用于每一具体情况时，物理上的精确性是不一定能保证的。由于以纯机遇为理论前提，所以它的正确性只是近似的。一般来说，如果它是一个极好的近似，那也只是在扩散现象中有无数分子合作的缘故。我们必须考虑到，分子的数目愈少，偶然的偏差就愈大 —— 在适合的条件下，这类偏差是可以观察到的。

第三个例子（测量准确性的限度）

我要举的最后一个例子同第二个例子是类似的，但它有特殊的意义。考虑悬挂在一根细长纤丝上保持平衡取向的轻物体，用电力、磁力或重力使它围绕垂直轴扭转，物理学家常用这种方法来测量使它偏离平衡位置的微弱的力。当然，这种轻物体必须视具体目的而适当地选用。在不断努力改进这种常用的"扭力天平"的准确度时，遇到了一个极其有趣的奇妙的极限。如果选用愈来愈轻的物体和更细更长的纤丝，这个天平就能够感应愈来愈弱的力。当悬挂的物体愈益明显地感受到周围分子热运动的冲击，在它的平衡位置附近开始进行像第二个例子中的微滴的颤动那样一种不停的、不规则的"舞蹈"时，测量的精确度就达到了极限。虽然这样做并没有给天平的测量准确性设置绝对极限，但它却建立了一个实际上的极限。热运动的不可控制的效应同被测量的力的效应相竞争，使观察到的单个的偏差值失去了意义。为了消除仪器的布朗运动的影响，你必须做多次的观察。我想，在我们目前的研究中，这个例子是特别有启发性的。因为我们的感觉器官毕竟是一种仪器，如果变得太灵敏，它将是多么的无用。

$\sqrt{n}$ 律

暂且举这么多例子吧。我只想再补充一点，凡是同有机体内部有关的，或同有机体与环境相互作用有关的物理学或化学定律，没有一个不能被选做例子的。尽管详细的解释也许更复杂些，但要点都一样，因此再举例子就会变得千篇一律了。

但是我想补充一点非常重要的定量的说明，关于物理学定律的不准确度的期望值，即所谓 $\sqrt{n}$ 律。先举一个简单的例子，然后再进行普遍概括。

如果我告诉你，某气体在一定的压力和温度下具有一定的密度，或者说，在一定的压力和温度下，一定的体积内（体积大小适合于实验需要）正好有 n 个气体分子，那么你可以确信，若能在某一瞬间进行检验，将会发现这个说法是不准确的，偏差将是 $\sqrt{n}$ 的量级。因此，如果数目 $n = 100$，你将发现偏差大约是 10，相对误差为 10%。可是，如果 $n = 1\,000\,000$，你多半会发现偏差大约是 1000，相对误差为 0.1%。粗略地说，这个统计规律是普遍成立的。物理学和物理化学定律的不准确性总是可能发生在 $1/\sqrt{n}$ 的相对误差范围之内，这里 n 是在某些理论考虑或某些特定实验中，为了在一定的空间时间范围内使该定律生效，参与合作的分子数目。

由此你们又一次看到了，一个有机体为了使它的内在生命以及它同外部世界的相互作用，都能为精确的定律所描述，它就必须有一个相当巨大的结构。不然的话，参与合作的粒子数太少了，“定律”也就太不准确了。特别需要注意的是这里出现了平方根。例如，尽管100万是一个相当大的数目，可是相对误差有千分之一。这样一种精度对于一条"自然界定律"来说似乎还是不够的。

第 2 章
遗传机制

存在是永恒的；因为有许多法则保护了生命的宝藏；而宇宙从这些宝藏中汲取了美。

—— 歌德

经典物理学家那些绝非无关紧要的设想是错误的

于是我们得到的结论是，一个有机体和它经历的全部生物学相关过程，必须具有极多的"多原子"结构，必须防止偶然的"单原子"事件起到太重大的作用。"朴素物理学家"告诉我们的这一点是重要的，正因如此，有机体可以具有足够精确的物理学定律，并按照这些定律实现其颇有规则和颇有秩序的功能。从生物学观点来说，这些先验地得出的（就是说，从纯粹的物理学观点得出的）结论，能否和实际的生物学事实相符呢？

乍看起来，人们往往认为这个结论是无关紧要的。比如说，30年前的生物学家也许已经讲过这一点。可是，对于强调统计物理学对有机体像其他地方一样具有同样重要性的通俗讲演者来说，这个结论还是十分恰当的，尽管实际上这也不过是人所共知的道理而已。因为对任何高等生物的成年个体来说，不仅它的躯体，而且是组成躯体的每一个单细胞都包含着"天文数字"的各种原子。而且如同30年前已知道的那样，我们观察的每一个特定的生理过程，不论在细胞内或在细胞同周围环境的相互作用中，也总是包含了那么多的单原子和单原子过程。这就保证了物理学和化学的相关定律的有效性，即使按照统计物理学关于"大数"的严格要求，也能保证定律的有效性；这种严格要求就是我刚才所说的 $\sqrt{n}$ 律。

如今，我们知道这个设想是错误的。正如下面即将看到的，在活有机体内有许多极其小的原子团，小到不足以显示精确的统计学定律，而它们在极有秩序和极有规律的事件中确实起着支配作用。它们控制着有机体在发育过程中获得的、可观察的大尺度性状，决定了有机体发挥功能的重要特征；在所有这些情况下，都显示了十分确定而严格的生物学定律。

我必须开始概括地讲一点生物学，特别是遗传学的情况；换句话说，我必须简要地说明这门科学的现状，尽管对于这门科学我不是内行。我不得不为这些外行话而深感抱歉，特别是对生物学家来说。另一方面，请允许我多少带点教条式地向你们介绍流行的观点。不能指望一个笨拙的理论物理学家能对实验材料做出任何像样而全面的评述，这些实验材料，一方面来自大量的、日积月累的、极聪明的繁育试验；另一方面，来自最精密的现代显微镜技术对活细胞的直接观察。

遗传的密码本（染色体）

　　让我们在生物学家称为"四维模式"[1]的意义上使用有机体的"模式"这个词，它不仅是指成年有机体或任何其他发育阶段中的有机体的结构和功能，而且是指有机体开始复制自身时，从受精卵到成年阶段的个体发育的全过程。人们已经知道整个四维模式是由一个受精卵细胞的结构决定的，并且还知道主要是由受精卵的很小一部分结构，即它的细胞核决定的。这个细胞核在细胞的正常"休止期"内，往往表现为网状染色质[2]，分散在细胞内。但在极其重要的细胞分裂（有丝分裂和减数分裂，见下文）过程中，可以观察到由一组颗粒构成的、常常呈纤维状或棒状的叫做染色体的东西，它的数目或是8条，或是12条，对于人是46条[3]。我应该把这些数字写成 2×4，2×6，…，2×23，…，并且按照生物学家的习惯用词，应该称它们为两套染色体。单个染色体都可以从它的形状和大小清楚地加以区分和辨认，而这里的两套染色体几乎是一模一样的。下面就会明白，它们之中一套来自母体（卵细胞），一套来自父体（精子）。这些染色体或它的一部分，即显微镜下看到的染色体的轴状骨架纤丝部分，包含了个体未来发育和成熟个体机能的全部模式的密码本。每一整套染色体都含有全部密码，因此，作为未来个体的原始阶段的受精卵里一般包含有密码的两个本子。

---

1. 生命物质的结构是三维的，这里沿用物理学的术语，把时间称为第四维，把随着时间变化的三维模式称为四维模式。—— 译者注
2. 这个名词的意思是"染色的物质"，就是说，在显微技术所用的某种染色过程中，这种物质是可以被染色的。
3. 原文此处为48，已证明人的染色体是46条。—— 译者注

　　我们把染色体纤丝结构称为密码本,是考虑到任何有洞察力的人都可根据卵的结构就告诉你,在适宜的条件下,这个卵将发育成一只黑公鸡还是一只芦花母鸡,是长成一只苍蝇还是一棵玉米、一株石南、一只甲虫、一只老鼠或是一个女人,而这正是拉普拉斯决定论所描述的因果关系。我们还可以再补充一点,那就是卵细胞的外观是非常相似的;即使外观不相似,比如鸟类和爬行类的卵就比较大,可是与密码有关的结构部分的差别并不大,它们的差别只是由于一些卵中包含的营养物质特别多。

　　当然,"密码本"这个名词太狭隘了,因为染色体结构同时也是促使卵细胞未来发育的工具。它是法律条文与执行权力的统一,或者用另一个比喻来说,是建筑师的设计同建筑工人的技艺的统一。

通过细胞分裂（有丝分裂）的个体生长

　　在个体发育[1] 中,染色体是怎样变化着的呢?

　　一个有机体的生长是由连续的细胞分裂所引起的,这样的细胞分裂叫做有丝分裂。考虑到我们的身体是由大量细胞组成的,所以在一个细胞的生命史中,有丝分裂并不像人们所想的那样是一种非常频繁的事件。开始时生长是很快的。卵细胞分成2个子细胞,下一步发育成4个细胞,然后是8,16,32,64,…。正在生长的身体的各个部分中,其分裂频率并不完全相同,那样就会打破各个部分细胞数

---

1. 个体发育是指个体在一生中的发育,是同地质年代中物种的系统发育相对立的一个概念。

目的规则性。我们通过简单的计算便可推断出，平均只要50或60次连续的分裂，便足以产生出一个成人的细胞数，或者是这个细胞数的10倍[1]，后者已把一生中细胞的更替也考虑在内了。因此平均来说，我的一个体细胞只是发育成我的那个原始卵细胞的第50代或第60代的"后代"。

在有丝分裂中每个染色体是被复制的

在有丝分裂中每个染色体是怎样变化着的呢？它们是被复制了，两套染色体和密码的两个拷贝都是被复制了。这个过程在显微镜下已作了详尽的研究，并且是极其有趣的，可是它涉及的面太广，在这里不能一一细说了。突出的一点是：两个"子细胞"中的每一个都得到了跟亲细胞准确相似的、另外两套完整的染色体。因此，所有的体细胞都具有完全一样的染色体。[2]

尽管对这种机制了解甚少，但我们不能不认为，它一定是通过某种途径同有机体的机能密切相关的，因为每个单细胞，甚至是不太重要的单细胞，都具有密码本的全套（两份）拷贝。不久前，我们在报上看到蒙哥马利将军在他的非洲战役中，要他麾下的每一名士兵都仔细了解他的全部作战计划。如果确是那样的话（考虑到他的士兵有高度的才能和充分可信赖，看来这个报道可能是真实的），它为我的例子提供了一个绝妙的类比，每个士兵就相当于一个细胞。最令人惊异的是在整个有丝分裂中，每个细胞始终保持着两套染色体。并且，遗

---

1. 大约有10^{14}个或10^{15}个。
2. 请生物学家原谅，我在这个简短的叙述中没有提到嵌合体的例外情况。

传机制的这个明显特点，只有在我们接下去讨论的情况中，才出现了对规律的偏离。

染色体数减半的细胞分裂（减数分裂）和受精（配子配合）

在个体刚开始发育后，有一些细胞保留着，以便在发育后期产生出成年个体繁殖所需的配子，至于配子是精细胞或卵细胞，这要根据情况而定。"保留"的意思是指它们在这段时期内不用于其他目的，也只进行很少几次有丝分裂。保留细胞还有一种例外的分裂方式称为减数分裂，通过这种分裂，保留细胞产生了配子。一般只是在配子受精以前的很短时间内才有这种分裂。在减数分裂中，亲细胞的两套染色体简单地分成两组，每一组染色体进入一个子细胞中，这个子细胞就是配子。换句话说，减数分裂并不像有丝分裂那样发生染色体数目加倍，而是染色体总数目保持不变。每个配子收到的只有一半，就是说，只有密码的一个完整的拷贝而不是两个，例如人只有23个，而不是 $2 \times 23 = 46$ 个。

只有一组染色体的细胞叫做单倍体（来自希腊文 $\alpha\pi\lambda o\upsilon\zeta$，单一）。因此，配子是单倍体，通常的体细胞是二倍体（来自希腊文 $\delta\iota\pi\lambda o\upsilon\zeta$，双份）。有三组、四组或多组染色体的体细胞的个体就称为三倍体、四倍体或多倍体。

在配子配合中，雄配子（精子）和雌配子（卵子）都是单倍体，结合形成的受精卵是二倍体。它的染色体组，一半来自母体，一半来自父体。

单倍体个体

有一点是需要澄清的。对于我们的研究目的，虽非必要，但却很有趣。因为它表明了，染色体的每一个单组都包含了全部"模式"的完全的密码本。

也有一些例子，减数分裂后并不立即受精。单倍体细胞（"配子"）经历了多次有丝分裂，结果产生了全是单倍体的个体。雄蜂就是一个例子。雄蜂是孤雌生殖产生的，从没有受精的卵，即从蜂后的单倍体的卵产生的。雄蜂是没有父亲的！它所有的体细胞都是单倍体。如果愿意，也可以称它为一个大精子；事实上，雄蜂这一功能正是它一生中的唯一任务。可是，这个观点，也许并不正确。因为这种情况并不是光在这里出现。很多植物通过减数分裂产生单倍体配子，称为孢子，孢子落在地上就像一粒种子，发育成真正的单倍体植物，它的大小可以同二倍体相比拟。图5是森林中人们很熟悉的一种苔藓植物的草图。长有叶片的底部是单倍体植物，叫配子体；在它的顶端发育了性器官和配子，配子通过相互受精按通常的方式产生了二倍体植物。在裸露的茎的顶部有荚，称为孢子囊。通过减数分裂，孢子囊中产生孢子，所以这个二倍体植物称为孢子体。当孢子囊张开时，孢子落地发育成长为有叶片的茎，如此继续下去。以上事

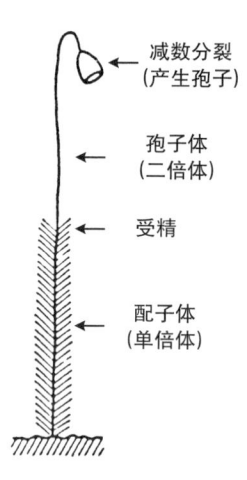

减数分裂
（产生孢子）

孢子体
（二倍体）

受精

配子体
（单倍体）

图5　世代交替

件相连的过程称为世代交替。只要愿意，你可以认为人和动物也是如此的。不过"配子体"一般是寿命极短的单细胞的一代，它是精子还是卵子视情况而定。我们的身体则相当于孢子体。我们的"孢子"就是上面所说的保留细胞，通过这些细胞的减数分裂产生出单细胞的一代。

减数分裂的突出性质

在个体繁殖过程中，重要的、真正对此后命运有决定性作用的事件并不是受精而是减数分裂。一组染色体来自父体，另一组来自母体。这是谁都无法干预的事件。每个男人[1]正好一半遗传自他的母亲，一半遗传自他的父亲。至于母系占优势还是父系占优势，那是另外一些原因，这些原因后面会讲到（当然，性别本身也就是这种优势的最简单的例子）。

可是，当你把遗传起源追溯到你的祖父母时，情况就不同了。让我把注意力集中到父亲的那一套染色体，特别是其中的一条，比如说第5号染色体。这条染色体或许是我父亲从他父亲那里得到的第5号染色体的精确复制品，或许是我父亲从他母亲那里得到的第5号染色体的精确复制品。1886年11月，在父亲体内发生了减数分裂并产生了精子，几天以后，精子就在我的诞生中起作用了，究竟是哪一个精确复制品（祖父的还是祖母的）包含在精子里，机遇是50：50。我父亲的染色体组中的第1，第2，第3，……，第23号染色体都是这种情况，我母亲的每一条染色体也已作必要的修正。此外，所有46条染色体

---

1. 女人也一样。为了避免冗长，我在这次讲演中不谈性决定和伴性性状等很有趣的问题（例如，所谓色盲）。

都是各自独立的。即使知道我父亲的第5号染色体来自我的祖父约瑟夫·薛定谔，而第7号染色体究竟是来自我的祖父还是来自我的祖母玛丽·尼玻格娜，机会还是相等的。

交换，特性的定位

　　纯粹的机遇将会在后代中看到更多的祖先遗传特性的混合。上面的讨论中假定了一个染色体是作为一个整体，或是来自祖父，或是来自祖母。换句话说，单个染色体是整个地传递下去的。可是实际情况并非如此。事实上，染色体并不是，或者说并不总是整个地传递下去的。在减数分裂中，比如说，在父亲体内的一次减数分裂中，染色体分离以前，两条"同源"染色体彼此紧靠在一起，在这段时间里，它们有时整段地进行交换，图6表明了交换的方式。通过这种叫做"交换"的过程，分别位于染色体不同部位上的两个特性就会在孙子那一代分离，孙子的一个特性像祖父，另一个特性像祖母。这种既不罕见也不太频繁的交换为我们提供了特性在染色体上定位的宝贵信息。如要做更全面的讨论，必须在讲下一章之前引进许多没有涉及过的概念（如杂合性、显性等），这就超过了这本小册子的范围了，所以我只谈一下要点。

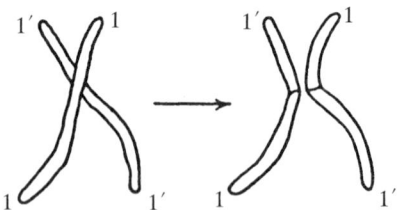

图6　交换。左：在接触中的两个同源染色体。右：交换和分离以后

假如没有交换，由同一条染色体编码的两个特性将永远一道遗传给下一代，没有一个后代只接受其中一个特性而不同时接受另一个特性的；而由不同条染色体编码的两个特性，则或以50：50的机遇被分开，或必然地被分开。后者发生在两个特性位于同一祖先的一对同源染色体上，因为这两条染色体是永远不会一起传给下一代的。

交换打乱了这类规律性和机遇性。根据精心设计的广泛的繁育试验，仔细地记录后代特性的百分组成，就可确定交换的概率。人们在做了统计分析后接受了这样的工作假设：位于同一条染色体上的两个特性之间的"连锁"被交换打断的次数愈少，则它们彼此靠得愈近。这是因为靠得愈近，在它们之间形成交换点的机会愈少，而位于染色体两端的远处特性，经过每一次交换都被分离开来（这个道理，同样也适用于位于同一祖先的同源染色体上的特性的重新组合）。用这种方法，人们希望根据"连锁的统计"，画出每一条染色体的"特性图"。

这种预期已经完全得到证实。在经过充分试验的一些情形中（主要是果蝇，但不仅是果蝇），受检验的特性确实是分成了几个群，群与群之间没有连锁，几个群就像是几条不同的染色体（对于果蝇，是4条染色体）。每个群内可以画出特性的直线图，这个图定量地说明了该群内任何两个性状之间连锁的程度，所以这些特性无疑是定位的，而且是沿着一条直线定位的，就像棒状染色体的形状那样。

当然，这里描绘的遗传机制的图式还是相当空洞而乏味的，甚至是有点过于简单了。因为我们并没有说出通过特性可以了解到什么。把本质上是统一"整体"的有机体模式，分割成个别的"特性"，看来既是不妥当的，也是不可能的。实际上，我们在具体事例中说明的是，如一对祖先在某方面确实存在着差别（比如，一个是蓝色眼睛，另一个是棕色眼睛），那么，他们的后代不是继承这一个就是继承另一个。在染色体上我们所定位的就是这种差别的位置（专业术语称之为"位点"，如果我们考虑到所对应的物质结构，可称之为"基因"）。我认为，特性的差别是比特性本身更为基本的概念，尽管这样的说法似乎有着明显的语意和逻辑的矛盾。特性的差别实际上是不连续的，下一章谈突变的时候会谈到这一点，我希望到那个时候，上面所提到的枯燥乏味的图式将变得较有生气和更富色彩。

基因的最大尺度

我们刚才已经介绍了基因这个名词，把它作为一定的遗传性状的假想的物质载体。现在要着重讲两点，它和我们的研究是颇有关系的。第一是这种载体的大小，或者更确切地说，它的最大尺度是多少？亦即我们对它的定位可以达到多小的体积范围？第二是如何从遗传模式可维持的时间推论得出基因的持久性。

关于体积，有两种完全不同的估计方法：一种是根据遗传学的证据（繁育试验），另一种是根据细胞学的证据（直接的显微镜观察）。第一种估计在原理上是很简单的。就是用上面讲过的方法，把大量不同的（大尺度的）性状（以果蝇为例）在特定染色体上定位以后，测量那条染色体的长度并除以性状的数目，再乘以染色体的横截面面积，就得出了我们所需要的体积估计数。当然，由于只有被交换所偶然分离的那些性状才算做不同的性状，所以它们并不代表真正的微观的或分子的结构。另一方面，这样得到的估计数显然只能是最大体积，因为通过遗传学分析而分离出来的性状数目，将随研究工作的进展而不断增加。

另一种估计是根据显微镜的观察，实际上这也远不是直接的估计。果蝇的某些细胞（唾腺细胞），基于某种原因是大大地增大了的，它们的染色体也是如此。在这些染色体上，你可以分辨出纤丝上的深色横纹的密集图案。C.D. 达林顿曾经说过，这些横纹的数目（他研究的情形是 2 000 个）虽然比较多，但大体上等于用繁育试验得出的、位于那条染色体上的基因数。他倾向于认为这些横纹带标明了实际的基因（或基因的分离）。一个正常大小的细胞里测得的染色体长度，除以横纹的数目（2 000）就代表了基因的大小，他发现一个基因的体积相当于边长为 300 埃的一个立方体。考虑到估计的粗糙性，我们可以认为这跟第一种方法算出的体积是一致的。

小的数量

下面要仔细讨论的是统计物理学对上面这些实验结果所作的诠释 —— 也许应该说，是这些事实试图把统计物理学应用于活细胞所作的注释。首先让我们注意一个事实，即在液体或固体中，300 埃大约只有 100 个或 150 个原子距离，所以，一个基因包含的原子，肯定不会超过 100 万个或几百万个。要遗传一种遵循统计物理学的，因而也是遵循一般物理学的有秩序、有规律的行为，从 $\sqrt{n}$ 的观点来看这个数目是太小了。即使所有这些原子全都起相同的作用，就像它们在气体中或在一滴液体中那样，这个数目还是太小了。但是基因肯定不

是一滴均匀的液体，它也许是一个大的蛋白质分子[1]，分子中的每一
个原子，每一个自由基，每一个杂合环都起着各自的作用，同任何一
个其他类似的原子、自由基或环所起的作用，多少是有些不同的。这
是霍尔顿和达林顿这些遗传学权威的意见，我们马上就要引用颇能接
近于证明这种意见的遗传学试验。

持久性

现在转到第二个和我们的研究目的有重大关系的问题上来：遗传
特性保持不变的持久程度有多长，携带这些特性的物质结构必须具有
一些什么样的性质呢？

回答这个问题是无须作专门研究的。遗传这个词本身就已经表
明不变性几乎是绝对的。我们不要忘记，父母传给子女的并不是这个
或者那个个别的特征，比如鹰钩鼻、短手指、风湿症、血友病、二色
眼的倾向等。我们固然可以很方便地选这些性状来研究遗传规律，但
遗传特征实际上是"表型"——个体的可见的、明显的特性——的
整个（四维的）模式，它们被复制了若干世代，而没有可觉察的变化。
它们在几个世纪里是不变的，虽然不能说是几万年不变。在每次传递
中，负载它们的是合成受精卵的两个细胞核的物质结构。这真是个奇
迹。只有一件事比它更伟大；如果同这个奇迹是密切相关的话，那么
它是在另一层面上的奇迹。我指的是：人的整个生命完全依赖于遗传
的奇妙的相互作用，而我们却有能力去获得有关这种奇迹的许多知识。

---

1. 现在已经知道，基因不是蛋白质分子而是核酸分子。——译者注

人类的知识已经推进到几乎能完全了解第一个奇迹。我想这是可能的。然而第二个奇迹则可能超越人类的理解能力之外了。

第 3 章
突变

变幻中徘徊之物，固定于永恒的思想中。

——歌德

"跳跃式"的突变 —— 自然选择的工作场地

刚才为论证基因结构的持久性而提出的一般论据，对于我们来说也许是太平常而不具有说服力了。这里再一次证实了俗话说的"例外提供了法则的证明"。如果子女同父母之间的相似性没有什么例外的话，那么，我们不但不会有向我们揭示出详尽的遗传机制的那些漂亮的试验，而且也就不存在通过自然选择和适者生存来形成物种的自然界的规模无比宏大的试验。

我把最后提到的这个重要问题作为介绍有关实验的导引 —— 很抱歉，我再次声明自己不是生物学家。

今天我们已经明确地知道，达尔文错误地把即使在最纯的群体里也会出现的细微的、连续的、偶然的变异当做是自然选择的原始资料。因为后来已经证明，这些变异是不遗传的。这个事实很重要，值得简要地提一下。如果拿来一捆纯种大麦，一个麦穗一个麦穗地测量麦芒的长度，并根据统计数字作图，你将会得到一条钟状的曲线，如图7所示。那是以具有一定长度的麦芒的麦穗数相对于麦芒长度作的图。一定的中等长度占优势，长度增加和长度减少，麦穗数都要减少。现在把麦芒明显超过平均长度的一组麦穗拿出来（图中涂黑色的那一组），麦穗的数目足够在地里播种并长出新的作物。对新长出的大麦作同样的统计时，我想达尔文理论将要预期一条极大值向右方移动的曲线的。换句话说，他可以期待通过选择来增加麦芒的平均长度。但是如果用的是真正纯种繁育的大麦品系，就不会是这种情况。从选出来播种的有长麦芒的大麦后代那里得到的新的统计曲线，跟第一条曲线是完全一样的。如果选麦芒特别短的麦穗作种子，结果也是完全一样的。因为细微的、连续的变异是不遗传的，所以选择没有效果；因为这些变化显然不是以遗传物质的结构为基础的，而是偶然出现的。但是，以上的讨论没有考虑突变。40多年前，荷兰人德弗里斯

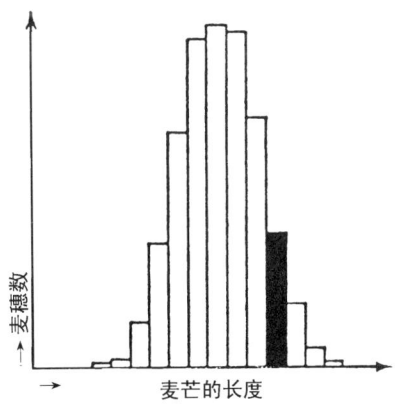

图7　纯种大麦的麦芒长度的统计。涂黑色的那组是选做播种的（本图细节并不是根据实际试验画出的，仅作说明之用）

（de vries）发现，即使是在完全纯种繁育的后代里，也有极少数的个体，比如说几万分之二三，出现了细微的但是"跳跃式"的变化。"跳跃式"并不是说这个变化是相当大的，而是说这是一种不连续的变化，在没有改变和少许改变之间没有中间形式。德弗里斯称之为突变。重要的事实是不连续性。这使一个物理学家想起了量子论——在两个相邻的能级之间没有中间能量。他愿把德弗里斯的突变论称为生物学的量子论。以后我们将会明白这可不简单是个比喻。突变实际上是由基因分子中的量子跃迁所引起的。1902年，当德弗里斯第一次发表他的发现时，量子论的问世还不过2年时间。因此，要由另一代学者去发现两者之间的密切联系，也就不足为怪了！

它们生育同样的后代，即它们是完全地遗传下来了

如同原始的、未改变的特性一样，突变也是完全地遗传下去的。比如，上面讲到的大麦的首茬收获中，会出现少量的麦穗的麦芒长度大大超出了图7所示的变异范围，比如完全无芒。这代表一种德弗里斯突变，它们将生育出完全相同的后代，就是说，它们的所有后代全都是无芒的。

因此，突变肯定是遗传宝库中的一种变化，而且必须用遗传物质中的某些变化来解释它。实际上，它向我们揭示了遗传机制的重要的繁育试验，绝大多数就在于仔细分析按预定计划进行杂交获得的后代，实验中把已突变的（或者，往往是多重突变的）个体和未突变的或和具有不同突变的个体杂交。另一方面，繁育中后代和祖先的完全相似性正说明突变是达尔文描述的自然选择的合适的原料，在此过程

中，通过不适者被淘汰、最适者生存从而产生新物种。因此，如果我
正确地表述了大多数生物学家所持的观点，那么只要用"突变"来代
替"细微的偶然变异"（正如在量子论中用"量子跃迁"来代替"能量
的连续转移"），达尔文学说的其他方面是不需要做什么修改的[1]。

定位、隐性和显性

　　现在我们再对突变的其他基本事实和概念进行一些有点形式化
的评论，而不直接地一个一个地说明它们怎样来源于实验证据。

　　我们可以期望，一个确认的观察到
的突变是来自一条染色体在某一区域内
的一个变化。它确是如此。重要的是，这
只是一条染色体里的一个变化，在相伴
的同源染色体的对应"位点"上并没有
发生任何变化（图8给出了示意图，"×"
表示突变的位点）。只有一条染色体受
到突变影响，这可以用突变个体（通常
称为"突变体"）同非突变个体的杂交
实验来证明，因为后代中正好有一半显

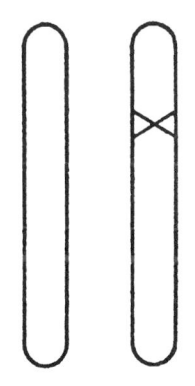

图8　杂合的突变体。
"×"标明突变的基因

现出突变体的性状，另一半则是正常的。正如理论所预期的一样，这

---

1. 朝着有用或有利方向发生突变的明显趋向，是否有助于（如果不是替代）自然选择，这个问题已
作过充分讨论。我个人对这个问题的看法是无关紧要的；但有必要指出，后来大家都忽视了"定
向突变"的可能性。此外，在这里我不能讨论"切换基因"和"微效基因"的作用，虽然它们对于
选择和进化的实际机制是重要的。（切换基因是指使总发育体系改变发育途径的基因，微效基因
是指一个基因对表型只有微小影响，但若干基因共同作用可控制性状。——译者注）

是突变体减数分裂时两条染色体分离的结果 —— 如图9所示。这个
图是一个"谱系"，三个连续世代的每个个体只用一对染色体来表示。
请注意，如果突变体的两条染色体都受到突变影响，那么，它的子女
全都会得到相同的（混合的）遗传性，既不同于他们的父本，也不同
于他们的母本。

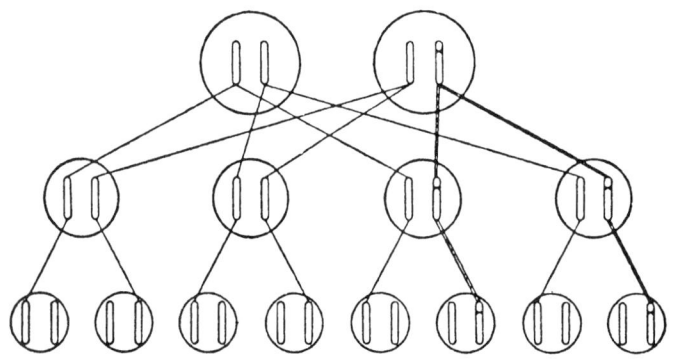

图9　突变的遗传。交叉的连线表示染色体的传递，双线表示突变染色体的传递。
第三代的未说明来由的染色体来自图内未包括的其他第二代的配偶（假定这些配偶
不是亲戚，也没有突变）

可是，在这个领域里进行的实验并不像我们前面说的那么简单。
这是由于另一个重要事实，即突变经常是潜在的而变得复杂了。什么
意思呢？

有这样的情况出现，表明突变体里两份"遗传密码本的拷贝"不
再是完全一样的了；至少在突变的地方已经是两个不同的"密码"或
"版本"了。有人把原始的版本看做是"正统的"，把突变体版本看做
是"异端的"，那是完全错误的。原则上，我们必须认为它们是同权
的 —— 因为正常的性状也是起源于突变。

　　实际中的一般情况是，有两个版本，个体的"模式"不是仿效这个版本，便是仿效另一个版本，这些版本可以是正常的，也可以是突变的。那个被仿效的版本叫做显性，另一个则叫做隐性；换句话说，根据突变是否直接影响到模式的改变，称之为显性突变或隐性突变。

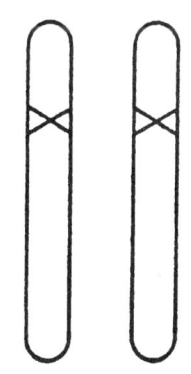

　　隐性突变甚至比显性突变更频繁，它们是十分重要的，尽管一开始一点也不表现出来。一定要在两条染色体上都出现了隐性突变才会影响到模式（图10）。当两个等同的隐性突变体相互杂交或一个突变体自交时，就能产生这样的个体；这在雌雄同株的植物里是可能的，甚至是自发产生的。稍微留意一下就可发现在这种情况下，后代中大约有1/4属于这种类型，而且可观察到隐性突变模式。

图10　纯合突变体，是从杂合突变体（图8）自体受精，或两个杂合突变体杂交产生的后代中的1/4的个体中获得的

介绍一些术语

　　为了讲清问题，我想解释一些术语。因为当我在讲到"密码的版本"——原始码或突变码时，实际上已经用了相同位点上的"等位基因"这一术语了。如图8所示情形，密码的两个版本不同，我们说相对于此位点这个个体是杂合的。反之，当两个版本是等同的，如非突变个体或者如图10所示的情形，就叫做纯合的。这样，只有在纯合的时候，隐性的等位基因才会影响到模式。而显性的等位基因，不管是

在纯合的个体中，还是在杂合的个体中，都产生相同的模式。

　　一定的颜色对于无色（或白色）来讲，往往是显性。比如，豌豆只有在它的两个相关的染色体里存在着"白色的隐性等位基因"时，也就是当它是"白色纯合的"时候，才会开白花；它将繁育同样的后代，后代全都是开白花的。可是，一个"红色显性等位基因"（另一个基因是白色隐性的，个体是"杂合的"）就会使它开红花。当然，两个红色等位基因（"纯合的"）也是开红花。后面这两种情况的区别，只是在后代中才显露出来，因为杂合的红色会产生一些开白花的后代，而纯合的红色将只产生开红花的后代。

　　两个个体在外观上可能十分相似，但它们的遗传性却不相同，这个事实是如此重要，所以需要严格地予以区分。遗传学家的说法是，它们具有相同的表现型，但遗传型是不同的。于是，前面几节的内容可以作这样简短的非常专业的概括：

　　只有当遗传型是纯合的时候，隐性等位基因才能影响表现型。

　　我们有时会用到这些专业性的说法，必要时再向读者说明其含义。

近亲繁殖的有害效应

　　隐性突变只要是杂合的，自然选择对它们是不起作用的。如果它们是有害的（突变通常大都是有害的），由于它们只是潜在的，所以不会被自然选择消除。因此，大量的不利突变可以积累起来而并不立即造成损害。可是，它们一定会传递给后代中的半数个体，这对人、家畜、家禽或我们直接关心其优良体质的任何其他物种来说，都有非常重要的应用。在图9中，假定一个男人（说具体些，比如我自己）是以杂合的状态带有一个隐性有害突变，它没有表现出来。假如我的妻子没有这种突变。于是，我的子女中将有半数（图9中的第二排）也会带有这种突变，而且也是杂合的。倘若他们同非突变的配偶结婚（为了避免混淆，在图9中子女的配偶被省略了），那么，在我们的孙儿孙女中，平均有1/4将以同样的方式受到突变的影响。

　　除非受到同样有害效应的个体彼此杂交，否则这种有害的危险始终不会明显地表现出来。稍微注意一下就可明白，这样杂交的结果，他们的子女中有1/4是纯合的，危害性将表现出来。仅次于自体受精的（只有雌雄同株的植物才有此可能）最大的危险是我的儿子同我的女儿结婚。他们中间的每一个人受或不受潜在效应的机会是相等的，乱伦的结合中有1/4是危险的，他们的子女中有1/4将表现出伤害。因此，对于乱伦生下来的一个孩子来说，危险因子是1/16。

　　同样，我的两个"纯血缘的"孙儿女，即堂、表兄妹之间结婚生下的后代的危险因子是1/64[1]。这种机会看上去并不太大，这种婚姻事实上也常常被容许。可是不要忘了我们已经分析过的在祖代配偶（"我和我的妻子"）的一方已经带有一个可能的潜在损伤的后果。事

---

1. 如果父母一方带有隐性有害基因，他们的每个子女将有1/2的可能性带有隐性有害基因，第三代将有1/4的可能性带有隐性有害基因。进一步说，如果这样的子女婚配，两人都带隐性有害基因的概率是（1/2）×（1/2）=1/4；而这种结合使他们的子女表现出有害基因的纯合遗传型的概率又是1/4，所以总的危险因子是1/16。如果堂、表兄妹婚配，两人都带隐性有害基因的概率是（1/4）×（1/4）=1/16，同样计算得到危险因子1/64。——译者注

实上，他们两人藏有这种潜在的缺陷都不止一个。如果已知你自己藏着一个缺陷，那么就可以推算出，在你的8个堂、表兄妹中间，有一个可能也是带有这种缺陷的。根据动植物的实验来看，除了一些严重的、比较罕见的缺陷外，还有很多较小的缺陷，产生这些缺陷的概率加在一起就会使得整个近亲繁殖的后代衰退恶化。既然我们不能用斯巴达人在泰杰托斯山采用的那种残暴方式去消灭失败者，那么就必须非常严肃地看待人类中发生的这些事情。在人类中，最适者生存的自然选择是大大减少了，不，简直是转向了反面。如果战争对于原始部落可能还具有一点使最适者生存下去的、积极的选择价值，那么现代大量屠杀各国健康青年的反选择效应，就毫无理由可言了。

一般的和历史的陈述

隐性等位基因在杂合时完全被显性等位基因所掩盖，丝毫不产生可见的效应，这一事实是令人惊奇的。不过至少应该说这是有例外的。比方说，当纯合的白色金鱼草与同样是纯合的深红色的金鱼草杂交时，所有的直接后代的颜色都是中间型的，即是粉红色的（不是预期的深红色的）。更重要的例子是血型，两个等位基因都能同时显示出它们各自的影响 —— 不过我们不准备在这里进行探讨了。如果最后弄清楚隐性是可以分成若干种不同等级，并且取决于用来检查"表现型"的实验的灵敏度，对此，我是不会感到奇怪的。

这里也许要讲一下遗传学的早期历史。这个理论的主体，即关于亲代的不同特性在连续世代中的遗传规律，尤其是关于显隐性的重要区别，都应归功于著名的奥古斯汀教派的修道院长G. 孟德尔

（1822—1884）。孟德尔对突变与染色体是一无所知的。他在布隆（布尔诺）修道院花园中用豌豆做实验。在实验中他栽种了不同品种的豌豆，让它们杂交并注意观察它们各个后代的情况。事实上，他是在利用自然界中现成的突变体做实验。早在1866年，他就把试验结果发表在"布隆自然研究者协会"的会报上了。当时，没有人对这个修道士的癖好感兴趣。然而谁也没有想到他的发现在20世纪竟会成为一门全新科学的指导原则，成为当代最有兴趣的学科。他的论文被人遗忘了，直到1900年才同时被柏林的科伦斯（Correns）、阿姆斯特丹的德弗里斯（de Vries）和维也纳的切玛克（Tschermak）3人同时独立地重新发现。

突变作为一种罕有事件的必要性

迄今为止，我们的注意力集中在有害突变上，这种类型的突变可能更频繁一些；但必须指出，我们的确也会碰到有利突变的情形。如果说自发突变是物种发展道路上的一小步，那么情况似乎是，它们是以偶然的形式，冒着可能是有害的因而会被自动消除的风险而做出的"尝试"。由此引出了一个十分重要的观点。突变要成为自然选择的合适原料，必须是罕有的事件，正像自然界中实际出现的那样。如果突变是如此的频繁，以至有很多的机会，比如说，在同一个体内出现了十几个不同的突变，而其中有害的突变又总比有利突变占优势，那么，物种非但不会通过选择得到改良，反而会停滞，甚至会消亡。由基因的高度持久性形成的相当程度的保守性是十分必要的。例如，一个大型制造厂的经营，工厂为了创造更好的生产方法，一种革新即使还没有得到确证，也是必须加以试验的。而为了确定某些革新究竟是提高还是降低生产力，有必要在一段时间内只采用一项革新，而其余部分仍保持不变。

X射线诱发的突变

现在我们要回顾一下遗传学的一系列巧妙的实验研究，这些研究将证明我们前面的分析中提到的那些有意义的特性。

用X射线或γ射线照射亲代，可使后代中出现突变的百分比，也就是所谓的突变率，比很低的自然突变率增高好多倍。这种方式产生的突变除了数量较多外，同自然发生的那些突变并没有什么两样，因而人们认为，每一种"自然"突变都可以用X射线来诱发产生。在大量培育的果蝇中间，经常自发地产生许多特殊的突变；如第2章所说的，它们已在染色体上定位，并给了专门的名称。甚至还发现了所谓"复等位基因"，就是说，在染色体密码的同一位置上，除了正常的非突变的一个"版本"或"密码"之外，还有2个或2个以上不同的"版本"或"密码"；这意味着在那个具体的"位点"上，不仅有2种而且有3种或更多种可能的替换，当它们同时出现在2条同源染色体上的相应"位点"时，其中任何2个"密码"之间都彼此有显隐性的关系。

X射线突变实验指出，每一个特定的"转变"，比如说，从正常的个体变成一个特殊的突变体，或者反过来，都有它自己的"X射线系数"，这个系数表明了：在子代出生以前，用单位剂量的X射线照射亲体，由于射线而产生诱发突变后代所占的百分数。

第一定律，突变是个单一性事件

有关诱发突变率的规律是极其简单和极有启发性的。下面的材料摘自刊载在1934年的《生物学评论》第9卷上的铁摩菲也夫（Timoféëff）的报告。这篇报告在很大程度上引用了该作者自己的漂亮的工作。第一定律是：

> （1）突变频数的增加量严格地同射线的剂量成正比例，因而人们确实可以引进突变系数来表达这种比例关系。

我们对简单的比例已习以为常了，因而往往会低估这一简单法则的深远后果。为了理解这一点，不妨举个例子，一种商品的单价同商品的总金额并不总是成比例的。平时买6个橘子是一个价，可当你决定再要买一打橘子时，他也许会很感动地以低于12个橘子的价钱卖给你。当货源不足时，就可能发生相反的情形。在目前情况下，我们可以断言，如果说辐射的一半剂量引起了千分之一的后代发生突变，那么其余的未突变的后代是不受影响的，既不使它们倾向于突变，也不使它们免于突变。不然的话，另一半剂量就不会正好再引起千分之一的后代发生突变。因此，正比例的规律说明突变并不是由连续的小剂量辐射相互增强而产生的一种积累效应，突变一定是在辐射期间发生在一条染色体中的单一性事件。那么，这是哪一类事件呢？

第二定律，事件的局域性

这个问题由第二定律来回答，这就是：

　　（2）如果广泛地改变射线的性质（波长），从软的X射线到相当硬的γ射线，只要给予同一剂量，突变系数保持不变。

　　射线剂量可用伦琴单位来度量，也就是说，所用剂量是按照经过选择的标准物质（温度为0℃，压力为1标准大气压［1.01×10^5帕］的空气）在照射下单位体积内所产生的离子总数来度量的。

　　选择空气作为标准物质，不仅是为了方便，而且是因为有机物的组织是由平均相对原子质量与空气相同的元素组成的。只要将空气中的电离数乘二者密度比，就可得出组织内电离作用或相关过程（激发）总量的下限[1]。

　　从这个定律可以知道，引起突变的单一性事件正是在生殖细胞的某个"临界"体积内发生的电离作用（或类似的过程）。这是很清楚的，而且已被更关键性的研究所证实。这种临界体积有多大呢？可以根据观察到的突变率，按照下面的考虑来做出估计，如果每立方厘米产生50 000个离子的剂量，使得在照射的区域里的任何一个配子以特定的方式发生突变的机会是1:1000，那么，我们就可断定临界体积，即电离作用要引起突变所必须"击中"的"靶"的体积只有1/50 000立方厘米的1/1000，也就是说，只有五千万分之一立方厘米。这不是准确数，仅用来说明问题而已。实际估计是根据M. 德尔勃吕克[2]的工作，

1.因为还有一些其他的过程不能用电离测量，但对产生突变来说却可能是有效的，所以是下限。
2. Max Delbruck德国物理学家、生物学家，因发现病毒的复制机制和遗传结构获1969年诺贝尔生理医学奖。——译者注

这是德尔勃吕克、N.W. 铁摩菲也夫和K.G. 齐默尔（Zimmer）写的一篇论文[1] 中提出的，这篇论文也是本书后面两章中将详细讨论的学说的主要来源。他得出的体积只有大约线度为10个平均原子距离的1个立方体，也就是说，只有大约$10^3 = 1\,000$个原子那么大。这个结果的最简单的解释是，如果在距离染色体上某个特定的点不超过"10个原子距离"的范围内发生了一次电离（或激发），那么就有一次产生突变的机会。我们在后面将更详细地讨论这一个问题。

　　铁摩菲也夫的报告包含了一个有实际意义的推论，我在这里不能不说一下，尽管这跟我们现在的研究可能没有什么关系。在现代生活中，人们有很多机会遭到X 射线的照射，这包含了众所周知的诸如烧伤、X 射线癌、绝育等直接的危险，现在已用铅屏、铅围裙等作为防护，特别是给经常接触射线的护士和医生们提供了防护。可是，问题在于即使成功地防止了这些直接的、对个人的危险，也还存在着生殖细胞里产生细微而有害的突变的间接危险 —— 这就是我们在讨论近亲繁殖的不良后果时所谈到的那种突变。说得严重些，也许还有点简单化，堂表兄妹结婚的危害很可能因为他们的祖母长期当了X 射线的护士而有所增加。对任何个人来说，不必为此而担忧。但对整个社会来说，这种潜在突变可能逐渐影响人类的危害性是应该关注的。

1.《格廷根科学协会生物学报道》（*Nachr.a.d.Biologie d.Ges.d.Wiss.Göttingen*）第1卷，第189页，1935年。

第 4 章
量子力学的证据

你的如火焰般炽热的奔放的想像力，静默成一个映像、一个比喻。

——歌德

经典物理学无法解释的持久性

借助于X射线的精密仪器（物理学家会记得，30年前这种仪器曾揭示了晶体详细的原子晶格结构），在生物学家和物理学家的共同努力下，最近已成功地把决定生物个体宏观特性的微观结构的尺度——"基因的体积"——的上限降低了，并且降低到远远低于第2章得出的估计数。我们现在面临的严重问题是：基因结构似乎只包含了很少量的原子（一般是1000个，也可能还要少），可是它的奇迹般的持久不变性却表现了很有规律的活动，如何从统计物理学的观点来协调地解释这两方面的事实呢？

让我再把这种令人惊讶的情况说得鲜明生动些。哈布斯堡王朝的一些成员有一种很难看的下唇（哈布斯堡唇）。在王室的赞助下，维也纳皇家科学院仔细地研究了这种唇的遗传，并连同历史肖像一道发表了，证明这种特征是正常唇形的一个真正的孟德尔式的"等位基因"。如果注意比较16世纪这个家族中某一成员和他的活在19世纪的后裔的肖像，我们完全可以有把握地说，决定这种畸形特征的物质性的基因结构已经世代相传了几个世纪，而且每次细胞分裂都是忠实的复制，尽管每一代的细胞分裂次数并不很多。此外，这个基因结构所包含的原子数目很可能同前面由 X 射线实验测得的原子数目是同一个数量级。在全过程中基因处于华氏98度（36.67℃）左右的温度，它能不受热运动的无序趋向的干扰保持了几个世纪，对此我们如何理解呢？

　　19世纪末的一位物理学家，如果只打算根据他所能解释的、真正理解的那些自然界的定律来解答这个问题，肯定是一筹莫展的。在对统计力学的情况稍加考虑后，他也许会做出回答（如我们将看到的，是正确的回答）：这些物质结构只能是分子。因为关于这些原子集合体的存在及其高度稳定性，当时的化学已有了广泛的了解。不过这种了解是纯粹经验的，人们对分子的性质还不了解 —— 使分子保持一定形状的、原子间键的本质，对于当时的化学家来说，还完全是个谜。所以，上面这个回答是正确的；可是它只是把这种莫名其妙的生物学稳定性归结到同样莫名其妙的化学稳定性，这是没有价值的。尽管证明了两种表面上相似的特性系依据同一原理，但只要这个原理本身是未知的，那证明就总是靠不住的。

可以用量子论来解释

　　对于这个问题，量子论提供了解释。根据现在的了解，遗传机制是同量子论的基础密切有关的，不，是建立在量子论的基础之上的。

量子理论是马克斯·普朗克[1]于1900年发现的。现代遗传学则可以从德弗里斯、科伦斯和切尔玛克（1900年）重新发现孟德尔的论文，以及德弗里斯关于突变的论文（1901—1903年）的发表算起。因此，两大理论几乎是同时诞生的，而且它们两者一定要在相当成熟后才会发生联系，这也是很自然的。在量子论方面，花了1/4世纪以上的时间，直到1926—1927年W. 海特勒（Heitler）和F. 伦敦（London）才给出化学键量子论的普遍原理。海特勒－伦敦理论包含了量子论最新进展的最精细而复杂的概念（称为"量子力学"或"波动力学"）。对此，不用微积分的描述几乎是不可能的，或者至少要写像本书一样的另一本小册子。不过，好在全部工作现在都已完成了，这些工作可以用来澄清人们的思想。看来已有可能更直截了当地指明"量子跃迁"同突变之间的联系，并直接去搞清楚最主要的事情。这就是我们在这里试图去做的。

量子论－不连续状态－量子跃迁

量子论的最大启示是在"大自然之书"里发现了不连续性的特点，而原先的观点认为自然界中除了连续性外全皆荒谬。

第一个例子是能量。经典理论中，一个物体可以在很大范围内连续地改变着它的能量。例如一个摆，它的摆动由于空气的阻力逐渐缓慢下来。十分奇怪的是，量子论却证明了，具有原子这样大小的微观系统的行为是不同的。根据无法在这里详细论述的那些理由，必须假

1. Max Planck（1858—1947），德国物理学家，1900年12月14日针对黑体辐射解释中的困难，提出能量不连续的量子假设，揭开了量子理论的新纪元，获1918年诺贝尔物理学奖。——译者注

定一个小的系统只能具有某种不连续的能量，这是它本身固有的性质，这种不连续能量被称为能级。从一种不连续状态转变为另一种，是一件相当神秘的事情，人们通常称之为"量子跃迁"。

不过，能量并不是一个系统的唯一特征。再以摆为例，设想它能够做各种运动。在天花板上悬下的绳子上挂一个重球，它能够在南北、东西或其他方向上摆动，也能做圆形或椭圆形的摆动。用风箱轻轻地吹这个球，便能使它从运动的一种状态连续地转变到任何另一种状态。

但是对于微观系统来说，这些特征或类似的其他特征 —— 对此我们不能详细讨论了 —— 的大多数都是不连续地发生变化的。如同能量一样，它们是"量子化"的。

这样的结果是什么呢？许多个原子核，包括围绕它们的电子，当彼此靠拢形成"一个系统"时，本质上是不可能任意选择一种假想构型的。可以选择的只是大量的但不连续的"状态"系列。[1] 我们通常称这些状态为能级，因为能量是特征中的十分重要的部分。但是必须懂得，对状态的完整的描述，要包括能量以外的更多的东西。正确的说法是，状态是系统中全部粒子的一种确定的构型。

一种构型转变为另一种构型就是量子跃迁。如果后一构型具有更大的能量（"处于较高的能级"），那么，外界要向这个系统提供不

---

1. 我采用的是一种通俗的说法，它能够满足我们当前的需要。不过，我怀有一种为贪图方便而犯错误的不安心情。真实的情节要复杂得多，因为这里还包含了一个系统所处状态的偶然的不确定性。

低于两个能级间的能量差额的能量，才能使这种转变成为可能。当然，系统也可以自发地变到较低的能级，通过辐射来消耗多余的能量。

分子

在给定的一组原子的若干不连续状态中，不一定有但其中可能有使原子核彼此紧密靠拢的最低能级。在这种状态中，原子组成了分子。需要着重指出的是，分子必须具有一定的稳定性；除非外界供给它以"泵浦"到邻近的较高能级所需的能量差额，否则，构型是不会改变的。因此，这种数量十分确定的能级差定量地决定了分子的稳定程度。下面将会看到，这个事实和量子论的基础本身——能级的不连续性——联系得多么紧密。

请读者注意，上述观点已经被化学的实验事实彻底地核查过了，而且在诸多方面已经被证明是成功的，例如在解释原子化学价的基本事实和关于分子结构的许多细节方面，如结合能、不同温度下的稳定性等。这里我是指海特勒–伦敦理论，如前所述，这个理论在本书里是无法详细讨论的。

分子的稳定性有赖于温度

下面只考察不同温度下分子的稳定性，这是生物学问题中我最感兴趣的一点。假定我们的原子系统一开始处在它的最低能级状态，物理学家把这个系统称为绝对零度下的分子。要把它提高到相邻的较高的状态或能级，就需要供给一定的能量。最简单的供给能量的方式是给分子"加热"。把它带进一个高温环境("热浴"),让周围的系统(原子、分子)冲击它。考虑到热运动的极度不规则性,不存在一个确定的、立即产生"泵浦"的、截然分明的温度界限。更确切地说,在任何温度下(只要不是绝对零度),都有出现"泵浦"的机会,这种机会是有大有小的,而且是随着"热浴"的温度而增加的。表达这种机会的最好的方式是,指出为了发生"泵浦"必须等待的平均时间,即"期待时间"。

根据 M. 波拉尼(Polanyi)和 E. 维格纳(Wigner)的研究[1],"期待时间"主要取决于两种能量之比,一种是为了"泵浦"而需要的能量差额(用 W 来表示),另一种是描述有关温度下的热运动强度特性的量(称为特征能量 kT,用 T 表示绝对温度[2])。有理由认为,实现"泵浦"的机会愈小,期待时间便愈长,而"泵浦"量本身同平均热能相比也就愈高,就是说,比值 W/kT 也就愈大。奇怪的是,比值 W/kT 的相当小的变化,会大大地影响期待时间。例如(按照德尔勃吕克的例子),W 是 kT 的 30 倍,期待时间可能只短到 1/10 秒;但当 W 是 kT 的 50 倍时,期待时间将延长到 16 个月;而当 W 是 kT 的 60 倍时,期待时间将延长到 3 万年!

数学的插曲

对于那些对数学感兴趣的读者来说,可以用数学语言来解释这种对能级改变或温度变化高度敏感的原因,同时再补充一些相关的物理

1.《物理学杂志,化学(A)》,[Zeitschrift für Physik,Chemie(A),Haber-Band],第 439 页,1928 年。
2. k 是已知常数,叫玻耳兹曼常数;$(3/2)kT$ 是在绝对温度 T 时一个气体原子的平均动能。

学说明。理由是，期待时间（称之为 t）是通过指数函数的关系依赖于比值 W/kT 的，即

$$t = \tau e^{W/kT}$$

τ 是 10^{-13} 或 10^{-14} 秒这么小的常数。这个特定的指数函数并不是一种偶然的特性。它经常出现在热的统计理论中，构成了该理论的骨架。这个量是在系统的某个部分中偶然地聚集起像 W 那么大的能量的不可能性概率的一种量度。当 W 若干倍于"平均能量" kT 时，这种不可能性的概率便增加得如此巨大。

　　实际上，$W = 30kT$（见上面引用的例子）已经是极罕见的了。它之所以还没有导致很长的期待时间（在此例中只有 1/10 秒），是 τ 因子很小的缘故。这个因子具有物理意义，代表整个时间内系统里发生振动的周期的数量级。你可以非常概括地描述这个因子，认为它是积聚起所需要的 W 总量的机会，它虽然很小，可是在"每次振动"中都出现，而每秒大约有 10^{13} 或 10^{14} 次这样的振动。[1]

第一个修正

　　在前面分子稳定性理论的讨论中，已经默认了我们称之为"泵浦"的量子跃迁如果不是导致分子的完全的分解，至少也是导致组成分子的原子形成了本质上不同的构型，即化学家说的同分异构分子，

---

1. $1/t$ 代表分子产生量子跃迁的速率，它决定于两个因子，$e^{-W/kT}$ 是一个非常小的量，随 W 增加而迅速减小，另一因子 $1/\tau$ 代表分子中的固有振动频率，约为 $10^{13} \sim 10^{14}$。——译者注

那是由相同的一些原子按不同的排列所组成的分子（应用到生物学上时，这些构型代表同一个"位点"上的不同的"等位基因"，它们之间的量子跃迁则代表突变）。

　　　对这个解释必须作两点修正，为了易于接受，我有意说得简单些。根据前面所讲的，有人可能会误认为只有在极低的能量状态下，一群原子才会组成我们所说的分子，而上面比较高的状态已经是"一些其他东西"了。实际并不是这样的。事实上，在最低能级上面还有着一系列密集的能级，这些能级并不涉及整个分子构型的可察觉的变化，而只是对应于原子间的一些微小的振动，这类振动我们在上一节里已经讲了。它们也都是"量子化"的，不过是以较小的步子从一个能级跳到相邻的能级。因此在低温下，"热浴"粒子的碰撞已足以造成振动激发。如果分子是一种广延的连续结构，你可以把这些振动想象为穿过分子而不引起任何伤害的高频声波。

　　　所以，第一个修正并不十分重大：我们可以忽略能级图的"振动精细结构"。"相邻的较高能级"这个术语可以理解为构型有一个不太小的变化所对应的相邻的能级。

第二个修正

　　　第二个修正解释起来更加困难，因为它关系到各种能级图的一些重要而复杂的特性。我指的是这样一些情况，两个能级之间的自由通路被堵塞了，谈不上供给所需要的能量产生跃迁了；事实上，即使从比较高的状态到比较低的状态的通路也可能被堵塞了。

让我们从经验事实谈起吧。化学家都知道，相同的原子团结合组成分子的方式不止一种。这种分子叫做同分异构体（希腊文"由同样的部分组成的"；ισοζ = 相同的，μεροζ = 部分）。同分异构现象不是一种例外，而是一种规律。分子愈大，同分异构体也就愈多。图11给出了一个最简单的例子，两种丙醇同样由3个碳原子（C）、8个氢原子（H）和一个氧原子（O）组成，[1] 氧可插入任何氢和碳之间，但只有像图中的两种情况才代表自然界真正存在的物质。两个分子所有的物理常数和化学常数都是明显不同的。它们的能量也不同，代表了"不同的能级"。

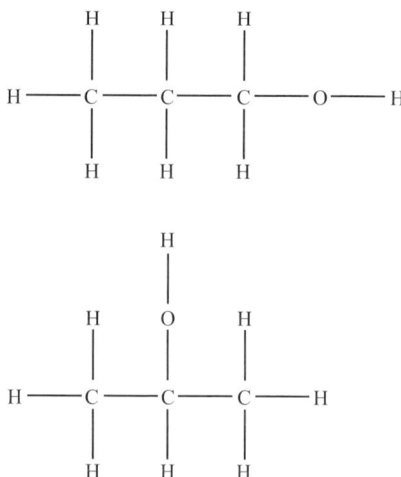

图11 两种丙醇的同分异构体

值得注意的是两个分子都是完全稳定的，它们的行为就像它们都是处于"最低状态"一样。不存在从一种状态到另一种状态的自发跃迁。

1. 在讲演时展出了用黑色、白色和红色的木球分别代表C、H和O的模型。这里，我不再复制模型了，因为这样做同实际的分子的相似性并不比图11更好些。

理由是两种构型并不是相邻的构型。要从一种构型跃迁为另一种构型，只能通过介于两者之间的一种中间构型才能发生，而这种中间构型的能量比它们中的任一构型都要高。粗浅地说，为了把氧从一个位置上抽出来，插到另一个位置上，如果不经过能量相当高的构型，是无法完成这种跃迁的。这种情况可用图12来表示。其中1和2是代表两个同分异构体，3代表它们之间的"阈"，两个箭头表示"泵浦"量，分别代表为了产生从状态1变到状态3或从状态2变到状态3的跃迁所需要的能量。

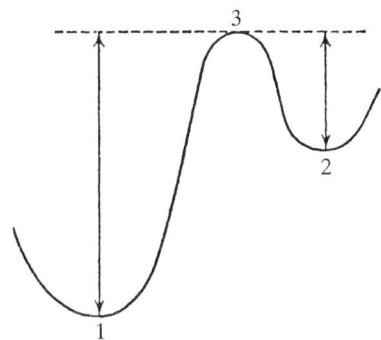

图12　在同分异构体的能级1和2之间的阈能3。箭头表示转变所需的最小能量

现在可以提出"第二个修正"了，唯有这一类"同分异构体"跃迁才是在生物学应用中我感兴趣的。这些跃迁就是在本章中解释"稳定性"时所提到的。我们所说的"量子跃迁"，就是从一个相对稳定的分子构型变到另一个构型。供给跃迁所需的能量（其数量用 W 表示）并不是真正的能级差，而是从初始能级上升到阈的能量差（见图12中的箭头）。

在初态和终态之间不介入阈的跃迁是毫无意义的，这不仅在生物学应用上是如此。这种跃迁对分子的化学稳定性实际没有贡献，为什么呢？因为它们没有长期效应，是不引人注意的。因为没有什么东西阻止它们往回走，所以当它们发生跃迁时，几乎就立刻回复到初态了。

第5章
对德尔勃吕克模型的讨论和检验

诚然，正如光明显出了自身，也显出了黑暗一样，真理是它自身的标准，也是谬误的标准。

—— 斯宾诺莎《伦理学》第二部分，命题43

遗传物质的一般图像

根据前面讲到的这些事实，可以很简单地回答下述问题：像遗传物质那样由少量原子组成的这些结构，能否长时间地经受住热运动干扰的影响？我们假定，一个基因的结构是一个巨大的分子，只能发生不连续的变化，这种变化就是原子的重新排列，导致同分异构[1]的分子。一种重新排列也许只影响到基因中的一小部分区域，但存在大量不同的重新排列也是可能的。和原子的平均热能相比，把基因分子实际构型和它的同分异构体分开的阈能一定是很高的，以致这种变化可看成罕有事件。这种罕有事件就是自发突变。

本章的后面几部分将对基因和突变的一般图像（这个图像的建立

---

1. 为了方便起见，我仍把它叫做一个同分异构跃迁，虽然由于没有考虑同环境的相互交换的可能性，也许会导致错误。

主要应归功于德国物理学家M. 德尔勃吕克），把它同遗传学事实作详细的比较。在此之前，我们要对这个理论的基础和一般性质适当地做些评论。

图像的独特性

穷究生物学问题的底蕴，并把图像建立在量子力学的基础之上，这是绝对必要的吗？基因是一个分子，我敢说这样的猜测在今天已是老生常谈了。不管是否熟悉量子论，不同意这种猜测的生物学家已经是很少的了。在第4章中，我们大胆地使用了量子论问世以前的物理学家的语言，作为观察到的持久性的唯一可接受的解释。随后是关于同分异构性、阈能，以及 W/kT 在决定同分异构跃迁概率中的重要作用等因素的讨论 —— 所有这一切，都可以在纯粹经验的基础上很好地加以说明，而不依靠量子论。既然在这本小册子里，我不能真正地把量子论讲清楚，而且还可能使许多读者感到厌烦，那我为什么还要如此强烈地坚持量子力学的观点呢？

量子力学是根据第一原理来阐明自然界中实际碰到的、原子的各种集合体的第一个理论。海特勒－伦敦键[1]是这个理论的一个独特的推论，它并不是为了解释化学键而发明的，而是以一种十分有趣而且费解的方式自动出现的，是根据完全不同的理由迫使人们接受的。现已证明，这个推论同观察到的化学实验事实是非常吻合的。而且正如

---

1. 物理学家Heitler和London于1927年用量子力学方法解释氢分子时，发现了原子间有一种特殊的力，对键合成分子起关键作用。这种力起源于量子力学波函数的交换对称性，没有经典对应。利用海特勒－伦敦键可以解释化学键 —— 共价键的形成。—— 译者注

我所说的，这一点是独特的、毋庸置疑的，可以相当肯定地说，在量子论的进一步发展中，"不可能再发生这样的事情了"。

因此我们可以肯定地断言，除了遗传物质的分子解释外，没有别的解释了。在物理学方面，不会再有别的可能性可以解释遗传物质的持久性。如果德尔勃吕克的描述真的失败了，那么，我们恐怕就不得不放弃进一步的尝试。这是我想说明的第一点。

一些传统的错误概念

但是也许可以问：除了分子以外，难道真的就没有由原子构成的、其他的具有持久性的结构了吗？比如，埋在坟墓里一二千年的一枚金币，难道不是保留着印在它上面的人像吗？是的，这枚金币确实是由大量原子构成的，但在此例中，我们肯定不会把这种人像的保存至今归因于巨大数字的统计。这种说法同样也适用于埋藏在岩石里的、经过几个地质年代而没有发生变化的一批纯净的水晶。

这就引出了我要说明的第二点。实际上，一个分子、一个固体、一块晶体的情况并没有真正的差别。从现代知识来看，它们实质上是相同的。不幸的是，学校的教科书中还保持着好多年前已过时了的传统观念，从而模糊了人们的认识。

在学校里讲授有关分子的知识时，并没有讲到分子对固态的相似程度比对液态或气态更为接近。相反，教给我们的是要仔细地区分物理变化和化学变化；物理变化如熔化或蒸发，在这种变化中，分子是保持不变的（比如酒精，不管它是固体、液体，还是气体，总是由相同的分子 C_2H_6O 组成的），而化学变化如酒精的燃烧：

$$C_2H_6O + 3O_2 = 2CO_2 + 3H_2O,$$

在这里，1个酒精分子同3个氧分子作用，经过原子重新排列生成了2个二氧化碳分子和3个水分子。

关于晶体，我们学到的是它们形成了周期性的空间三个方向堆叠的晶格。晶格里的单个分子的结构有时是可以识别的，如酒精和许多有机化合物；而在其他一些晶体中，比如岩盐（氯化钠，NaCl），氯化钠分子是无法明确地区分界限的，因为每个钠原子被6个氯原子对称地包围着，把哪一对钠氯原子看做是氯化钠分子是相当任意的。

最后我们还学到，一个固体可以是晶体，也可以不是晶体，后者称为无定形固体。

物质的不同的"态"

目前我还没有走得那么远，想把上面所有这些说法和区别都说成是错误的。其实，它们在某些实际应用中往往是有用的。但是，对于物质结构的真实内涵，必须用完全不同的方法来划分界限。基本的区别应是在下面两个"等式"所联系的状态之间：

分子 = 固体 = 晶体，

气体 = 液体 = 无定形固体。

对此必须作一点简要的说明，所谓无定形固体并不一定是真正无定形的，或者也不一定是真正的固体。在貌似"无定形的"木炭纤维里，X 射线已经揭示出石墨晶体的基本结构。所以，木炭是固体，也是晶体。对于还没有发现晶体结构的物质，则必须看做是"黏性"（内摩擦）极大的一种液体。这样一种物质没有确定的熔化温度和没有熔化潜热，表明它不是一种真正的固体。加热时它逐渐地软化，最后液化而不存在状态的不连续性。这种物质是无定形固体（记得在第一次世界大战末期，在维也纳曾有人用一种很硬的像沥青那样的东西作为咖啡的代用品，必须在出现光滑的贝壳似的裂口时，才能用凿子或斧头把它砸成碎片。可是过一段时间后，它会自动变成液体，如果不留意地把它搁上两天，它就会牢牢地粘在容器的底部）。

气态和液态间的连续性是人们非常熟悉的事情。可以用靠近临界点的路径上的变化使任何一种气体液化，而不表现出不连续性。这个问题我们在这里不准备多谈了。

真正重要的区别

这样，除了想把一个分子看成是一种固体或晶体这个要点外，我们已对上述图式中的各种物态进行了解释。

把分子看成固体或晶体的理由是，不管原子有多少，把它们结合起来组成一个分子的力的性质是和大量原子结合起来组成固体 ——

晶体的力的性质一样的。分子表现出同晶体一样的结构稳固性。请记住，我们正是从这种稳固性来说明基因的持久性的！

物质结构真正重要的区别在于原子间结合力性质是不是海特勒-伦敦"固化"力。在固体中和在分子中，原子是这样结合的。在单原子气体中（比如水银蒸气），它们就不是那样了。而在由分子组成的气体中，只是在每个分子中原子才是以这种方式结合在一起的。

非周期性的固体

一个很小的分子也许可以称为"固体的胚芽"。从一个小固体胚开始，可以有两种不同的方式建造愈来愈大的集合体。一种是在空间三个方向上一再重复同一种结构的、比较乏味的方式。这是一个正在生长中的晶体所遵循的方式。只要周期特性建立，集合体的大小就没有一定限度了。另一种方式是不用那种乏味的重复来建造逐渐扩大的集合体。这就是愈来愈复杂的有机分子，分子里的每一个原子和原子团都起着各自的作用，跟其他的原子或原子团是不完全等同的（比如在周期性结构里那样）。可以颇为恰当地称它为非周期性的晶体或固体，并且可以用下面的说法来表达我们的假说：一个基因 —— 也许是整个染色体纤丝[1] —— 是一种非周期性的固体。

1.染色体纤丝是非常柔韧的，这是无疑的；而一根细铜丝也是很柔韧的。

压缩在微型密码里的丰富内容

　　人们经常会问：像受精卵细胞核这样小的物质微粒，怎么能包含涉及有机体全部未来发育的精巧的密码本呢？一个高度有序的原子聚集体被赋予了足够的抵抗力来长久维持它固有的序，这种聚集体看来是唯一可以想到的结构，这种物质结构提供了大量不同的可能的（"同分异构的"）排列，数量之大使得在一个很小的空间范围内就足以体现出一个复杂的"决定性"系统的所有特征。真的，在这类结构里，不必有太多的原子就可产生出几乎无穷的排列。为了把问题讲清楚，考虑莫尔斯[1]密码。这种密码用点（"·"）、划（"–"）两种符号，如果每一字符串的符号数不超过4个，就可以编成30种不同的代号。如果在点和划之外再加上第三种符号，每一字符串的符号数不超过10个，你就可以编出88 572个不同的"字母"；如果用5种符号，每一字符串的符号数增加到不超过25个，那编出的字母可以有372 529 029 846 191 405个[2]。

　　可能有人会不同意，认为这个比喻是有缺点的，因为莫尔斯符号可以有各种不同的组成成分（比如，·–– 和 ···），因此与同分异构体作类比是不恰当的。为了改进这个缺点，我们可以从第三种情况中只挑出长度25的字符串，而且只挑出由5种不同的符号、每种符号都是5个所组成的那种字符串（就是由5个点、5个短划 …… 组成的字符串）。粗略地算一下，字符串数是 —— 62 330 000 000 000个，后面的几个零代表什么数字，我不想花气力去算它了。

---

1. Morse,Samuel F.B.（1791—1872），美国艺术家和发明家，电报机的发明者。—— 译者注
2. $2 + 2^2 + 2^3 + 2^4 = 30$，$3 + 3^2 + 3^3 + \cdots + 3^{10} = 88\,572$，余类推。—— 译者注

当然，实际情况绝不是原子团的每一排列都代表一种可能的分子；而且，这也不是随便什么密码都能被采用的问题，因为密码本身还必定是指导发育的操纵因子。可是另一方面，上述例子中选用的数目（25个）还是很小的，而且只不过设想了在一条直线上的简单排列。我们希望通过这个例子说明的仅仅是，就基因的分子图像来说，微型密码精确地对应于一个高度复杂而特异的发育计划，并且以某种方法包含了使密码起作用的程序，这一点已经不再是难以想象的了[1]。

与实验事实作比较：稳定度；突变的不连续性

最后，让我们用生物学实验事实同理论描述作比较。首先，问题显然是理论描述能否真正说明我们观察到的高度持久性。所需要的阈值能量比平均热能 kT 高好多倍是合理的吗？是在普通化学所允许的范围之内吗？这些问题是很平常的，不用查表就可肯定地回答。化学家为了在某一温度下分离出某种物质分子，必须要求在那个温度下至少有几分钟的寿命（这还说得少了一点，一般说来，它们的寿命要长得多）。所以化学家碰到的阈值，必定正好就是解释生物学中遗传持久性所需要的数量级；因为根据第4章的描述，当阈值在一两倍的范围内变动，就可以说明从几分之一秒到几万年范围内的寿命。

为了以后的参考，我给出一些数字。第4章的例子里提到的 W/kT，当比值是：

---

1. 分子生物学的发展说明了薛定谔在本书里关于微型密码的假设是完全正确的，只是符号数为4，字符串的长度比25大得多，对于人，字符串的长度为30亿。——译者注

$$\frac{W}{kT} = 30, 50, 60,$$

分别产生的寿命是1/10秒，16个月，30 000年。在室温下，对应的阈值是0.9，1.5，1.8电子伏。必须解释一下"电子伏"这个单位，这个单位对物理学家是很方便的，因为它有直观解释。比如，上面第三个数字（1.8电子伏）就是指被2伏左右的电压所加速的一个电子所获得的能量去碰撞分子引起跃迁（作为比较，请注意普通袖珍手电筒电池的电压有3伏）。

根据上述考虑可以看出，由振动能的偶然涨落所产生的分子某个部分构型的异构变化，实际上是非常罕有的事件。这对应于一次自发突变。因此，从量子力学原理出发，我们解释了关于突变的最惊人的事实。历史上也正是由于这个事实，突变才第一次引起了德弗里斯的注意，就是说，突变是不出现中间形式的、"跳跃式"的变异。

自然选择基因的稳定性

当人们发现任何一种引起电离的射线都会增加自然突变率以后，也许会认为自然突变起因于土壤和空气中的放射性和宇宙射线。但经过与X射线的实验结果的定量比较，便知道天然辐射太弱了，只能说明自然突变率的一小部分。

倘若我们用热运动的偶然涨落来解释罕见的自然突变，那就不会太惊奇了，因为自然界已成功地对阈值做出了巧妙的选择，这种选择必然使突变成为罕见的。因为如前所说，频繁的突变对进化是有害的。对于那些通过突变获得不很稳定的基因构型的个体，它们的"剧烈的"、迅速发生突变的后代能长期生存下去的机会是很小的。物种将会抛弃这些个体，并将通过自然选择把稳定的基因收集起来。

突变体的稳定性有时是较低的

至于在繁育试验中出现的、被我们选来研究其后代的那些突变体，当然不能指望它们都表现出很高的稳定性。那些正常的野生型可能由于突变率太高而没有通过"考验"——或者，虽已经受过"考验"了，却在野生繁殖时被"抛弃"了。总而言之，当我们知道有些突变体的突变率比正常的"野生"型要高得多的时候，是一点也不感到奇怪的。

不稳定基因受温度的影响小于稳定基因

我们来检验突变可能性公式：

$$t = \tau e^{W/kT}$$

（t是阈能W的突变的期待时间）。我们问：t如何随温度而变化？从上面的公式可以很容易找到温度为$T+10$时的t值同温度为T时的t值之比的近似值：

$$\frac{t_{T+10}}{t_T} = e^{-10W/kT^2}$$

指数是负数，比值小于1。所以，温度上升则期待时间减少，突变可能性增加。现在来对照检验，相关实验已经在昆虫耐受的温度范围内用果蝇做过了。乍看起来结果似乎有点意外。随着温度增加，野生型基因的低突变可能性明显地提高了，可是一些已经突变了的基因的较高的突变可能性却并未增加，或者说，增加很少。实际上，这种情况恰恰是我们在应用上面公式时预期到的，因为两种情况中的 W 不同。根据第一个公式，要想使 t 大（稳定的基因）就要求 W/kT 的值大；而根据第二个公式，W/kT 的值增大了，就会使算出来的比值减小，就是说，突变可能性将随着温度增加而有相当的提高，这就解释了野生型基因的突变可能性随温度上升提高得很明显（实际的比值在 $1/2$ 到 $1/5$ 之间，其倒数为 $2 \sim 5$，后者就是普通化学反应中所说的范托夫因子[1]）。

X射线是如何诱发突变的

现在转到 X 射线诱发的突变率，根据繁育试验我们已经推论出：第一，（根据突变率和剂量的比例）突变是由一些单一性事件引起的；第二，（根据定量的结果，以及突变率取决于累积的电离密度而同波长无关的事实）为了产生一个特定的突变，这种单一性事件必定是一种电离作用或类似的过程，它还必须发生在大约边长只有 10 个原子距离的立方体之内。根据这个图像，克服阈值的能量一定是由爆炸似的过程 —— 电离或激发过程所供给的。称它为 "爆炸似的过程"，是因为一次电离作用消耗的能量（顺便说一下，并不是 X 射线本身耗费的，而是它产生的次级电子所消耗掉的）有 30 电子伏，这是一个比较大的数量。在放电点周围的热运动必定是大大增加了，并且以原子强

---

1. Van't Hoff（1852—1911），荷兰化学家。范托夫因子是指化学反应速率常数中对温度的依赖因子。——译者注

烈振动的"热波"形式从那里散发出来。这种热波能供给大约10个原子距离的平均"作用范围"内所需的一二个电子伏的阈能。当然，一个细心的物理学家也许还会推测，可能存在着一个更小的作用范围。因为在许多情况下，爆炸的效应将不是一种异构跃迁，而是一种染色体的损伤。通过巧妙的杂交，可使未受损伤的染色体（即第二套染色体，与受损伤的染色体配对的那一条）被基因是病态的受损伤染色体所替换，这时跃迁就是致死的。所有这一切，全是可以预期的，而且观察到的也确是如此。

X射线的效率并不依赖于自发突变率

其他少数特性若尚未为我们的图像所预言，但考虑到上面讲的爆炸的多种效应，也就容易理解了。例如，一个不稳定的突变体的X射线突变率平均起来并不高于稳定突变体。这说明X射线诱发突变的效率和自发突变率没有多少关系。譬如，对于一定的30电子伏能量的爆炸来说，不管所需的阈能是稍多或稍少于1电子伏（或1.3电子伏），肯定不能指望会产生许多差别。[1]

回复突变

有时跃迁是从两个方向上来研究的，比如说，从某一个"野生"型基因变到一个特定的突变体，再从那个突变体变回到"野生"基因

---

1. 原文这里为1伏和1.3伏。此句意为阈能稍有变化，引起自发突变率变化很大，但阈能的这点变化相对X射线的能量来说很小，不会对X射线诱发突变产生多少影响，所以X射线诱发突变率不依赖于自发突变率。——译者注。

型。我们会发现,两种情况下自然突变率有时是几乎相等的,有时却又很不相同。乍看起来,这是难以理解的,因为这两种情况下要克服的阈能似乎是相等的。可是,事实并非如此,因为必须从初态构型的能级出发来度量,而野生基因和突变基因的能级可能是不同的(图12,图中的"1"可认为是野生的等位基因,"2"可认为是突变基因,突变基因具有较低的稳定性,图中用短箭头来表示)。

总之,我认为德尔勃吕克的"模型"是经得起检验的,我们有理由在进一步的研究中应用它。

第 6 章
有序、无序和熵

　　身体不能决定意识，意识也不能决定身体的运动、静止或其他活动。

　　　　　　　　　　——斯宾诺莎《伦理学》第三部分，命题2

一个从模型得出的值得注意的普遍结论

　　让我引用第5章第7节的最后一句话，在那句话里我试图说明的是，根据基因的分子图像可以设想，"微型密码精确地对应一个高度复杂而特异的发育计划有着一对一的对应关系，并且以某种方法包含了使密码起作用的程序"。这很好，那么它是如何做到这一点的呢？我们又如何把"可以设想的"变为真正理解的呢？

　　德尔勃吕克的分子模型是很普遍的，其中似乎并未包含遗传物质是如何起作用的暗示。说实话，我并不期望在不久的将来，物理学能给这个问题提供任何详细的信息。不过我确信，在生理学和遗传学指导下的生物化学对这个问题的研究，正在并将继续获得进展。

　　从前面对遗传物质结构的非常一般的描述看 —— 当然还不可能

给出关于遗传机制如何发挥功能的详细信息 —— 这是显而易见的。但奇怪的是，我们恰恰是从这里得出了一个普遍结论，我承认这是写这本书的唯一动机。

从德尔勃吕克的遗传物质的普遍图像中可以看到，生命物质在遵从迄今已确立的物理学定律的同时，可能还涉及至今尚未了解的"物理学的其他定律"，这些新的定律一旦被揭示出来，将跟以前的定律一样，成为这门科学的一个组成部分。

由序导出序

这是一条相当微妙而诡谲的思路，不止在一个方面引起了误解。本书剩下的篇幅就是要澄清这些误解。下面的陈述给出了一种粗糙的但不全是错误的初步意见。

我们所知道的物理学定律全是统计定律[1]，这在第1章里已作了说明。这些定律同事物走向无序状态的自然倾向密切相关。

但是，要使遗传物质的高度持久性同它的微小体积相协调，我们必须通过一种"设想的分子"来避免无序的倾向。事实上，这是一种特别大的分子，是高度分化的有序性的杰作，是受到了量子论的魔法保护的。机遇的法则并没有因这种"设想的分子"而失效，只是结果被修正了。物理学家熟悉这样的事实，物理学的经典定律已经被量子

1.如是全面地普遍地概括"物理学定律"，这种说法也许是会有争议的。第7章将讨论这一点。

论修改了，特别是低温情况下。这类例子很多，看来生命就是其中一例，而且是一个特别惊人的例子。生命像是物质的有序和有规律的行为，它完全不是以从有序转向无序的自然倾向为基础，而是部分地基于现存秩序的保持。

我希望这样说了以后，对于一个物理学家 —— 仅仅是对他来说，能更清楚地讲明我的观点，即生命有机体似乎是一个部分行为接近于纯粹机械的与热力学相对立的宏观系统，所有的系统当温度接近绝对零度，分子的无序状态消除时，都将趋向这种行为。

对于一个非物理学家来信，被他们认为是高度精确典范的那些物理学定律竟以物质走向无序状态的统计学趋势作为基础，他们一定感到这是难以相信的。在第1章里我曾举过一些例子，其中所涉及的普遍原理就是著名的热力学第二定律（熵原理）及其统计学基础。在本章第3节到第7节里，我想扼要地说明熵原理对一个生命有机体宏观行为的意义 —— 这时完全可以忘掉染色体、遗传等有关知识。

生命物质避免了向平衡衰退

生命的特征是什么？一块物质什么时候可以认为是活的呢？答案是当它继续在"做某些事情"、运动、和环境交换物质等的时候，而且期望它比一块无生命物质在类似情况下"保持下去"的时间要长得多。当一个非活的系统被孤立出来，或把它放在一个均匀的环境里，由于受到各种摩擦阻力，所有的运动都将很快地停顿下来；电势或化学势的差别消失了；倾向去形成化合物的物质也是如此；温度也由于热传导而变得均—了。此后，整个系统衰退成死寂的无生气的一团物质。这就达到了一种持久不变的状态，其中不再出现可观察的事件。物理学家把这种状态称为热力学平衡，或"最大熵"。

实际上，这种状态经常很快就能达到。但从理论上来说，它往往还不是一种绝对的平衡，还不是熵的真正的最大值。最后，达到平衡是十分缓慢的，它可能是几小时、几年、几个世纪……举个例子，这是一个趋向平衡还算比较快的例子：倘若一只玻璃杯盛满了清水，另一只玻璃杯盛满了糖水，一起放进密封的恒温箱里。最初好像什么也没有发生，给人以完全平衡的印象。可是，隔了一天左右以后，可看到清水由于蒸汽压较高，慢慢蒸发出来并凝聚在糖水上。糖溶液溢出来了。只有当清水全部蒸发后，糖才均匀地分布在箱内全部水中。

这类最终缓慢地向平衡趋近的过程，绝不能误认为是生命。我们可以不去理会它们，只是为了避免别人指责我不够准确才在这里说一下。

以"负熵"为生

一个有机体避免了很快地衰退为惰性的"平衡"态，因而显出活力。在人类思想的早期，曾经认为有某种特殊的非物质的超自然的力（活力，"隐德来希"[1]）在有机体里起作用，现在还有人是这样主张的。

1.亚里士多德用潜能和现实来说明世界的生成变化，隐德来希是表达现实的哲学范畴。——译者注

生命有机体是怎样避免衰退到平衡的呢？显然这是靠吃、喝、呼吸以及（植物的）同化。专门的术语叫"新陈代谢"。这词来源于希腊字μεταβάλλειν，意思是变化或交换。交换什么呢？最初，无疑是指物质的交换（例如，新陈代谢这个词在德文里就是指物质的交换）。但认为本质是物质交换的看法是荒谬的。生物体中氮、氧、硫等的任何一个原子和环境中的同类的原子都是一样的，把它们进行交换又有什么好处呢？后来有人说，我们是以能量为生的。这样，我们的好奇心就暂时地沉寂下去了。在一些发达国家（我记不清是德国还是美国，或者两个国家都是）的饭馆里，你会发现菜单上除了价目以外，还标明了每道菜所含的能量。其实这非常荒唐，因为一个成年有机体所含的能量跟所含的物质一样，都是固定不变的。既然体内一个卡路里跟体外一个卡路里的价值是一样的，那么，确实不能理解单纯的交换究竟会有什么用处。

在我们的食物里，到底含有什么样的宝贵东西能够使我们免于死亡呢？这是很容易回答的。每一个过程、事件、突发事变 —— 你叫它什么都可以，一句话，自然界中正在进行着的每一事件，都意味着这件事在其中进行的那部分世界的熵在增加。因此，一个生命有机体在不断地产生熵 —— 或者可以说是在增加正熵 —— 并逐渐趋近于最大熵的危险状态，即死亡。要摆脱死亡，要活着，唯一的办法就是从环境里不断地汲取负熵 —— 下面我们马上就会明白负熵是十分积极的东西。有机体就是靠负熵为生的。或者更明白地说，新陈代谢的本质就在于使有机体成功地消除了当它活着时不得不产生的全部的熵。

熵是什么

熵是什么？首先必须强调，这不是一个模糊的概念或思想，而
是一个可以测量的物理量，就像一根棍棒的长度、物体某一点的温
度、晶体的熔化热、物质的比热等。在温度处于绝对零度时（大约
在 −273℃），任何物质的熵都等于零。通过缓慢的、可逆的、微小的
变化使物质进入另一种状态时（包括改变了物质的物理学或化学性
质，或者分裂为两个或多个物理学化学性质不同的部分），熵增加量
可以这样算出：在过程的每一小步中系统吸收的热量除以吸收热量
时的绝对温度，然后把每一小步的结果加起来。例如，当你熔解一种
固体时，它的熵增加量就是：熔化热除以熔点温度。因此，计算熵的
单位是卡 / ℃（1卡约为 4.187 焦耳，就像卡是热量的单位或厘米是长
度的单位一样）。

熵的统计学意义

为了消除经常笼罩在熵概念上的神秘气氛，我已简单地谈到了这
个术语的专业性定义。这里对我们更为重要的是关于有序和无序的统
计学概念，是熵和序之间的关系，这个关系已经由玻耳兹曼和吉布斯
的统计物理学研究所给出。这也是一个精确的定量关系，表达式是：

熵 = $k\ln D$，

k 是玻耳兹曼常数（$k = 3.2983 \times 10^{-24}$ 卡 / ℃），D 是所讨论物体的
原子无序性的定量量度。要用简短的非专业性的术语对 D 这个量作出

精确的解释几乎是不可能的。它所表示的无序，一部分是热运动的无序，另一部分是来自不同种原子或分子杂乱不可分的随机混合，如前面例子中糖和水分子的混合，这个例子可以很好地说明玻耳兹曼的公式。糖在水中逐渐地扩散开来就增加了系统的无序性 D，从而增加了熵（因为 D 的对数是随 D 而增加的）。同样十分清楚的是，热的任何补充都增加热运动的混乱性，增加了 D，从而增加了熵。为什么呢？只要看下面的例子就更加清楚了，当你熔化一种晶体时，你是在破坏原子或分子的整齐而持久不变的排列，并且把晶格变成了一种连续变化的随机分布。

所以，一个孤立的系统或一个在均匀环境里的系统（为了目前的研究最好把环境作为我们所考虑的系统的一部分），它的熵在增加，并且或快或慢地接近最大熵的惰性状态。现在我们认识到，这个物理学基本定律正是事物走进混乱状态的自然倾向，除非我们在事先设防，这个倾向（这种倾向，跟写字台上放着一大堆图书、纸张和手稿等东西表现出的杂乱情况是同样的。不规则的热运动则相当于我们不时地去拿那些图书杂志等，但又不肯花点力气去把它们放回原处）是必然的。

从环境中抽取"序"来维持组织

一个生命有机体具有推迟趋向热力学平衡（死亡）的奇妙的能力，如何根据统计学理论来表达这种能力呢？我们前面说过："生命以负熵为生"，就像是活有机体吸引一串负熵去抵消它在生活中产生的熵的增量，从而使它自身维持在一个稳定而又低熵的水平上。

假如 D 是无序性的量度，它的倒数 $1/D$ 就可作为有序性的一个直接量度。因为 $1/D$ 的对数正好是 D 的负对数，玻耳兹曼方程式可以写成这样：

负熵 $= k\ln\left(1/D\right)$，

因此，"负熵"的笨拙表达可以换成一种更好的说法：取负号的熵正是序的一个量度。这样，一个有机体使它自身稳定在一个高度有序水平上（等于相当低的熵的水平上）所用的办法，确实是在于从周围环境中不断地汲取序。这个结论比它乍看起来更合理些。不过，它还可能由于相当平庸而遭到责难。其实，就高等动物而言，它们完全以汲取序而生是人们早就知道的事实。因为被它们作为食物的、不同复杂程度的有机物中，物质的状态是极为有序的。动物在利用这些食物以后，排泄出来的则是大大降解了的东西。然而还不是彻底的降解，因为植物还能够利用它（当然，对植物来说，太阳光是"负熵"的最有力的供应者）。

关于第 6 章的注

负熵的说法曾遭到过物理学界同事们的怀疑和反对。我首先要说的是，如果想迎合他们心意，我就该用自由能的概念来代替。可是，这个十分专门的术语在语言学上似乎与能量太接近了，会使普通读者弄不清两者的差别。他很容易把自由二字或多或少地当做是没有多大关系的修饰词。实际上，自由能是一个相当复杂的概念，它和玻耳兹曼有序-无序原理的关系不见得比用熵和"取负号的熵"表达得更清晰。顺便提一下，负熵的说法并不是我的发明。因此，上面的表述恰巧是玻耳兹曼原始论证的东西。

可是，F. 西蒙十分恰当地向我指出，我的那种简单的热力学考虑还不能说明：我们赖以为生的为什么是"复杂性不同的有机物的极有序状态中"的物质，而不是木炭或金刚石矿浆？他是对的。不过对一般读者来说，我必须解释一下，一块没有烧过的木炭或金刚石连同氧化时需要的氧，也是处在一种极有秩序的状态中，物理学家是理解这一点的。对此的证明是，煤炭在燃烧和反应中产生了大量的热。通过把热散发到周围环境中去，这个系统就去除了由于反应而增加的很多的熵，并且达到了与以前大致相同的熵的状态。

可是，人是不能靠反应产物二氧化碳为生的。所以，西蒙向我指出的是十分正确的，我们的食物中所含的能量确实是关系重大的；我对菜单标明食物热量的嘲笑是不适当的。不仅我们身体消耗的机械能需要补充能量，而且我们不断地向周围环境散发热也要补充能量。而散发热，这不是偶然的可有可无的，而是必不可少的。因为这正是我们去除掉生理过程中不断产生的剩余熵的方式。

这样看来可以假定，温血动物的体温较高有利于以较快的速率来排除熵，因而能产生更强烈的生命过程。我不能断定在这样的论证中究竟有多少是真理（对此应该负责的是我，而不是西蒙）。人们可以反对这种意见，因为，有许多温血动物用皮毛来防止热的迅速散失。但是，体温同"生命强度"之间的平行现象，我认为是存在的，可以用第5章第11节末尾提到的范托夫定律更直接地予以说明：正是较高的温度加速了生命活动中的化学反应（事实确是如此，这在以周围环境温度作为体温的物种身上，已经有了实验的验证）。

第7章
生命是以物理学定律为基础的吗

如果一个人从不自相矛盾的话，一定是因为他从来什么也不说。

—— 乌那木诺[1]

在有机体中可能有的新定律

　　简而言之，在这最后一章中我希望阐明的是，根据已知的关于生命物质的结构，我们一定会发现，它的工作方式是无法归结为物理学的普通定律的。这不是由于是否存在"新的力"在支配着生命有机体内单个原子的行为，而仅因为它的构造同迄今在物理实验室中研究过的任何东西都不一样。浅显地说，一位只熟悉热引擎的工程师在检查了一台电动机的构造以后，会发现它是按照他还没有掌握的原理工作的。他会发现过去很熟悉的制锅用的铜，在这里却成了很长的铜丝绕成的线圈；他还会发现过去很熟悉的制杠杆和汽缸的铁，在这里却嵌填在那些铜线圈的里面。他深信这是同样的铜和同样的铁，服从自然界的同样的规律。这一点上他是对的。可是，构造的不同却让这些装置运用了一种全然不同的做功方式。他是不会怀疑电动机是由幽灵驱

---

1. 乌那木诺（Miguel de Unamuno，1864 — 1938），西班牙作家、哲学家、语言学家。—— 译者注

动的，尽管它不用蒸汽只要按一下开关就运转起来了。

生物学状况的评述

在有机体的生命周期里展开的事件，显示出一种美妙的规律性和秩序性，我们碰到过的任何一种无生命物质都是无法与之相比的。我们发现，生命受一种高度有序的原子团的控制，而在每个细胞里它们只占原子总数的很小一部分。而且，根据我们已经形成的关于突变机制的观点可以断定，在生殖细胞的"支配性原子"集团里，只要很少一些原子的位置发生移动，就能使有机体的宏观遗传性状产生一个确定的改变。

这些无疑是当代科学告诉人们的最感兴趣的事实。人们终究会发现它们不是完全不能接受的。一个有机体在它自身上集中了"序的流束"，从而避免了向原子混沌的衰退，从而在合适的环境中"汲取序"，这种惊人的天赋似乎同"非周期性固体"，同染色体分子的存在有关。这种固体无疑代表了人们已知的最高度有序的原子集合体，比普通的周期性晶体的序高得多，因为它是靠每个原子和每个基团各自发挥作用的。

简单地说，我们见证了现存的序如何显示了它的维持自身和产生有序事件的能力。这种说法听上去似乎是很有道理的。然而之所以如此，无疑是由于我们借助了有关社会组织的经验和涉及有机体活动的其他事件的经验。所以，它有点像循环论证。

物理学状况的综述

不管怎样，必须反复强调的一点是，对于物理学家来说，这种事态不仅不是"似乎有道理的"，而且是最令人鼓舞的，因为它是新奇的从未见过的。同一般人的信念相反，这种事件的有规则的进程，受着物理学定律支配，但绝不是原子的高度有序的构型的结果——像在周期性晶体里、在由大量相同分子组成的液体或气体里的那种多次重复的构型。

甚至当化学家离体研究非常复杂的分子时，他也必须面对大量的同样的分子。他把化学定律应用于这些分子。他可能会告诉你，在某个特殊反应开始了1分钟以后，有一半分子起了反应，2分钟后3/4的分子起了反应。可是，如果能盯住某一个分子的进程，化学家也就无法预言这个分子究竟是在起了反应的分子中间，还是在还没有起反应的分子中间。这是个纯粹机遇的问题。

这并不是一种纯理论性的推测。也不是说我们永远无法观察到单个原子团或原子的命运。有时我们是能观察到的，但观察到的是完全无规的图像，只有平均一下才能产生规则性。第1章里我们举过一个例子，悬浮在液体中的微粒的布朗运动是完全不规则的，可是如果有许多同样的微粒，它们将通过不规则的运动产生有规则的扩散。

单个放射性原子的蜕变是能观察得到的（它发射出一粒"子弹"，在荧光屏上会引起一次可见的闪烁现象）。可是，如果把单个放射性原子给你，它的可能的寿命比一只健康的麻雀更不确定。真的，关于这个问题只能这样说：只要它活着（甚至可能活了几千年），它在下一秒钟里毁灭的机会，不管大小总是相同的。尽管完全丧失了个体决定性，对于大量的同类放射性原子，还是存在着精确的指数衰变定律。

明显的对比

在生物学中，我们面临着一种完全不同的状况。考察个体发育的最初阶段，只存在于一份拷贝中的单个原子团有序地产生了一些事件，并根据极为微妙的法则，在相互之间以及同环境之间作了奇异的调整。我说只存在于一份拷贝中，是因为毕竟还有卵子和单细胞有机体这类的例子。在高等生物的发育后期，拷贝数确实增多了。可是，增加到什么程度呢？我知道，在长成的哺乳动物中有的可达10^{14}。那是多少呢？相当于1立方英寸（3.7037×10^{-5}立方米）空气中的分子数目的百万分之一。数量虽然很大，可是聚集起来只不过形成了一小滴液体。再看看它们实际分布的方式吧。每一个细胞正好容纳了这些拷贝中的一个（对于二倍体是两个），既然我们知道这个小小的中央机关的权力是在孤立的细胞里，那么，每个细胞难道不像是遍布全身的地方政府的分支机构吗？他们使用共同的密码，十分方便地互通信息。

这真是难以置信，有点像出自诗人的而不是科学家的手笔。然而，这并不需要诗人的想象，只需要有明确而严肃的科学思考去认识现在面对着的事件，它们有序地、规则地展开的"机制"同物理学的"概率机制"全然不同。我们观察到的事实是：每个细胞中的指导原则是装在一份（有时是两份）拷贝中的单个原子集合体之中，而且由这个原则产生一桩桩高度有序的事件。对此，我们感到惊异也罢，认为它很有道理也罢，反正一个很小的却高度组织化的原子团是能够以这种方式起作用的，这是新奇的情况，是生命活体以外任何地方都还未曾有过的情况。研究无生命物质的物理学家和化学家们，从来没有看到过必须按这种方式来进行解释的现象。正因为以前没有发生过，所以我们的统计力学理论没有包括它。我们为之骄傲的漂亮的统计力学理论使我们看到了幕后的东西，让我们注意到从原子和分子的无序中可导出精确的物理学定律的严格有序性；它还向我们提示了无须特殊的假设就可以导出的最重要的、最普遍的、无所不包的熵增加定律，因为熵并非别的什么东西，只不过是分子自身的无序性而已。

产生序的两种方式

在生命展开过程中遇到的序有不同的来源。一般说来，有序事件的产生似有两种不同的"机制"："有序来自无序"的"统计力学机制"和"有序来自有序"的新机制。对于一个立场公正的普通人来说，第二个原理似乎简单合理得多。这是无疑的。正因为如此，物理学家曾经如此自豪地赞成另一种方式，即赞成"有序来自无序"的原理。自然界遵循这个原理，而且也只有从这个原理才能使我们理解自然界事件的发展线索，首先是理解这种发展的不可逆性。可是，我们还是不能期望由此导出的"物理学定律"能直截了当地解释生命活体的行为，因为这些行为的最大特点正是在很大程度上以"有序来自有序"的原理为基础的。你不能期望两种全然不同的机制会给出同一种定律，正像你不能期望用你的弹簧锁钥匙去开邻居的门。

因此，我们不必因为物理学的通常定律难以解释生命而感到沮丧。

因为根据我们对生命物质结构的了解，这正是预料中的事。我们必须准备去发现在生命活体中占支配地位的新的物理学定律。这种定律如果不称之为超物理学的，难道能称之为非物理学的定律吗？

新原理并不违背物理学

不，我不那么想。因为这个涉及的新原理是真正的物理学原理；在我看来，这不是别的原理，只不过是量子论原理的再次重复。要说明这一点，就必须说得详细些，包括对前述的全部物理学定律都基于统计力学的论断做一点补充和改进。

这个一再重复的论断是不可能不引起矛盾的。因为确实有很多现象，它们许多突出的特点是明显地直接以"有序来自有序"的原理为基础的，并且看来同统计力学或分子无序性毫无关系。

太阳系的序、行星的运动，近乎无限期地持续着。此时此刻的星座是同金字塔时代任一时刻的星座直接相关的；从现在的星座可以追溯到那时的星座，反之亦然。对古代日食和月食进行计算的结果同历史记载几乎符合，在某些情况下，甚至用来校正公认的年表。这些计算不包含任何一点统计力学，纯粹以牛顿的万有引力定律作为唯一依据。

一台好的时钟或任何类似的机械装置的有规则运动都跟统计力学无关。总之，所有纯粹机械的事件都是明确而直接地遵循着"有序来自有序"的原理。当我们说"机械的"，是从广义的角度来使用这个名词。

例如有一种很有用的时钟，是靠电站有规则地输送电脉冲来运转的。

我记得马克斯·普朗克写过一篇很有意思的小文章，题目是《动力学型和统计力学型的定律》（德文是《动力学和统计力学的合法性》）。这两者的区别正好就是我们在这里所说的"有序来自有序"和"有序来自无序"的区别。那篇文章旨在表明控制宏观事件的统计力学型定律，是如何由控制微观事件，即控制单原子和单分子相互作用的"动力学"定律所构成。宏观的机械现象，如行星或时钟的运动等，是后一类型规律性的例子。

由此看来，作为了解生命真正线索的"新原理"，即"有序来自有序"的原理，对物理学来说完全不是新东西。普朗克甚至还摆出了论证它的优先权的架势。是否我们得出了可笑的结论：似乎了解生命的线索是建立在纯粹机械论的基础之上，是普朗克那篇文章所说的"钟表装置"的基础之上？我看，这个结论既不是可笑的，也不是全错的，而是"不可全信"的。

钟的运动

让我们来精确地分析一台真实的时钟的运动。它绝非一种单纯的机械现象。一台纯粹机械的钟不必有发条，也不必上发条。它一旦开始运动，就将永远动下去。而一台真实的钟，如果不用发条，在摆动了几下以后就停摆了，它的机械能已转化为热能。这是一种无限复杂的原子过程。物理学家提出了这种运动的一般图像，就得承认相反过程并非完全不可能：一台没有发条的钟，依靠消耗它自己的齿轮的热能和环境的热能，可能突然地开始走动了。物理学家一定会说：这是时钟经历了一次很强的布朗运动大发作。我们在第1章第9节里已经看到了，用一种非常灵敏的扭力天平（静电计或电流计），就能发现这类事情。但对于时钟这当然是绝对不可能的。

一台时钟的运动能否归结为动力学型或统计力学型的合法事件（借用普朗克的表述），这取决于我们的态度。称它为一种动力学现象时，我们是集中注意力于有规则的运动，一根比较松的发条就可以产生这种运动，这根发条克服的热运动的干扰是很微小的，可以忽略不计。可是如果还记得，没有发条的时钟就会因摩擦阻力而渐渐地停摆，那么，这种过程就只能理解为一种统计力学现象了。

尽管从实用的观点来看，时钟中的摩擦效应和热效应是多么不重要，没有忽视这些效应的第二种看法无疑是更为基本的，即使面对着一只用发条开动的时钟的规则运动时，也是如此。因为那种认为时钟开动的机制和过程的统计力学性质无关的看法是不可信的。当然，包括摩擦和热的真实的物理学图像中还包括了这样的可能性：一台正常运行的时钟，通过消耗环境中的热能，立刻使它的运动全部逆转过去，向后倒退地工作，重新上紧自己的发条等。这种事件同没有发动装置的时钟的"布朗运动大发作"相比，没有什么区别。

钟表装置毕竟是统计学的

回顾一下，我们分析过的"简单"例子代表了许多情形，代表了所有那些逃脱普适的分子统计力学原理的事例。由真正的物理学的物质（不是想象中的东西）构成的钟表装置，并不是真正的"钟表式工作"。机遇的因素可能有所减少，时钟突然之间全然走错的可能性也许极其小，不过，它们总还是保留在统计背景中。即使在天体运行中，摩擦和热的不可逆影响也不是没有的。例如，由于潮汐的摩擦，地球的旋转逐渐地减慢，随之而来的是月球逐渐地远离地球，而如果地球是一个完全刚性的旋转球，就不会发生这种情况。

事实上，"物理学的钟表式工作"仍清楚地显示了十分突出的"有序来自有序"的特点——物理学家正是在有机体中遇到这种特征时深受鼓舞。两者看来确实还有某些共同之处。可是，共同点是什么，以及究竟是何种差别才使得有机体成为新奇的和前所未有的，这些还有待进一步了解。

能斯特定理

一个物理学系统——原子的任何一种集合——什么时候才显示出"动力学的定律"（在普朗克的意义上说）或"钟表式工作的特点"呢？量子论对这个问题有一个简短的回答，就是说，在绝对零度时。当接近零度时，分子的无序性对物理学事件不再有什么影响了。顺便说一下，这个规律不是由理论发现的，而是在广泛的温度范围内仔细研究了化学反应，再把结果外推到零度（绝对零度实际上是达不到的）而发现的。这是沃尔塞·能斯特[1]的著名"热定理"，有时被冠以"热力学第三定律（第一定律是能量原理，第二定律是熵原理）"的美名。

---

1. Walther Nernst（1864—1941），德国物理学家、化学家，提出了绝对零度不可能达到的热力学第三定律，获得1920年诺贝尔化学奖。——译者注

量子论为能斯特的经验定律提供了理性的"基础",从它我们还能够估计出,一个系统为了表现出一种近似于"动力学"的行为必须接近绝对零度到什么程度。那么在具体情况下,什么温度实际上等同于绝对零度呢?

不要认为这个温度一定是极低的低温。其实即使在室温下,在许多化学反应中熵(请注意,熵是分子无序性的直接量度,是无序性的对数)起的作用都是微不足道的,能斯特的发现就是从这一事实引出的。

摆钟实际上可看做在绝对零度下工作

对于一台摆钟还能说些什么呢?对于一台摆钟来说,室温实际上就等于绝对零度。这就是它为什么是"动力学式"工作的理由。如果把它冷却,它还是一样地继续工作(假如已经洗清了所有的油渍)!可是,如果把它加热到室温以上,它就不能再继续工作了,因为它最终会熔化的。

钟表装置与有机体之间的关系

这个问题似乎是无关紧要的,不过,我认为它确实击中了要害。钟表装置是能够"动力学式"工作的,因为它是固体构成的,而这些固体靠伦敦-海特勒力保持着一定的形状,在常温下这种力的强度已足以避免热运动的无序趋向。

　　现在有必要再讲几句话来提示钟表装置同有机体之间的相似点，简单而唯一的就是后者联系着一种固体 —— 构成遗传物质的非周期晶体，从而大大地摆脱了热运动的无序。可是，请不要指责我把染色体纤维称为"有机的机器齿轮"，这个比喻至少还并非没有深奥的物理学理论作为依据。

　　其实，用不着多费笔墨就能说明两者之间的基本区别，并证明这种相似性在生物学中是如此新奇和前所未有。

　　最显著的特点是：第一，这种齿轮是奇妙地分布在一个多细胞有机体里，关于这点请参阅我在本章第4节中做过的诗一般的描述；第二，这种单个的齿轮不是粗糙的人工制品，而是沿着上帝的量子力学路线做成的从未有过的最精美的杰作。

后记
决定论与自由意志

　　我不带任何成见地阐述了我们所讨论的问题的纯科学方面，作为对这种努力的回报，请允许我对这个问题的哲学含义谈一点个人的纯主观的看法。

　　根据前面几章中提出的论据，一个生物体内，在时间空间中发生的事件，无论是同它的意识活动相对应的，还是同它的自觉的或其他活动相对应的（考虑到这些事件的复杂结构和公认的物理化学的统计学解释），即使不是严格的决定论的，至少也是统计决定论的。对于物理学家我要强调的是，和有些人所持的意见相反，依我看，量子的测不准关系在这些事件中一般是起不了什么生物学作用的，除非是在减数分裂、自然突变和 X 射线诱发突变之类事件中，有可能因此而加强它们的纯粹偶然的特性——这在任何情况下都是很明显的，为大家所承认的。

　　为了论证的方便，像任何一位没有偏见的生物学家一样，请让我把这个决定论观点当做一个事实，即不会由于"宣称自己是一台纯粹的机器"而产生人所共知的不愉快的心情。尽管这种看法是同直接内省所启示的自由意志相矛盾的。

但是直接经验本身，不管是如何的多种多样和千差万别，在逻辑上总是不能相互矛盾的。因此，让我们来看一下，我们能否从下面两个前提中引出正确的、不矛盾的结论来：

（1）我身体的功能，像一台纯粹的机器一样，遵循着自然界的定律。

（2）然而，根据毋庸置疑的直接经验，我总是在指导着身体的运动，并且能预见其结果，这些结果可能是决定一切的和十分重要的，并且我感到要对结果负起全部责任。

我认为，从这两个事实得出的唯一可能的推论是，我——最广义的我，凡是说过"我"或者感觉到"我"的每一个有知觉的头脑——就是按照自然界的规律控制着原子运动的这个人，如果有这样的人的话。

在一定的文化圈里，有些概念（在非英语民族中也许曾经有过，或者仍然有着更广泛的含义）已经被限定了，并变得专门化了，如果把它们的直接的简单的涵义赋予它，那是轻率的。例如，基督教术语"因此我是万能的上帝"，这句话听起来是渎神而狂妄的。不过请你把这些涵义暂时撇开不管，考虑这个论断是否可以被生物学家用来立即证明上帝的存在和灵魂不朽。

就其本身而言，这种见解并不新。据我所知，最早的记载至少可以追溯到大约2500年以前。根据古代著名的奥义书[1]，印度人在他们的思想里已经认识到阿特玛（ATHMAN，我）等于梵（BRAHMAN）这一概念（即个人的自我等于无所不在、无所不包的永恒的自我），这绝不是渎神的，而是代表了对世间事物最深刻洞察的精髓所在。所有婆罗门吠檀多[2]派的学者学会这句话后，都努力地把这个最伟大的思想真正地同化于他们的意识之中。

此外，许多世纪以来的神秘主义者，每个人都独立地但不约而同地（有点像理想气体中的粒子），描述了他或她一生的独特经验。这些经验可概括成一句话：我已成为上帝（DEUS FACTUS SUM）。

对于西方意识形态来说，尽管受到叔本华[3]和其他一些哲学家的支持，这种思想一直是陌生的；请看那些真正的情侣，他们在互相凝视时，不是已经意识到他们的思想和喜悦已经合二为一，而不仅是相似或相等了吗？但一般说来，由于感情过于激动而不能清晰地思考，在这方面他们和神秘主义者很相像。

请允许我再做一些进一步的评论。知觉从来不是在复数中被经验，而只是在单数中被经验的。即使在精神分裂或双重人格的病理事例中，两个人格也是先后交替出现的，绝不是同时出现的。诚然，有时我们

---

1. 奥义书（Upanishads），古印度婆罗门教最重要的经典之一，最早的奥义书产生于公元前10 — 前5世纪。主张 "梵我同一" 说。"梵" 是最高的哲学范畴、绝对不二的本体、宇宙的始基。"梵" 的理论主张从客观角度表述外部世界的本原；"我" 的理论着重从主观角度表述内在世界的基础。"梵我同一"，则是要说明客观世界的本原和主观世界的基础二者在本体上是同一的 "梵"。—— 译者注
2. 吠檀多（Vedanta），印度最古老的宗教历史文献。奥义书是吠陀文献的最后一部，又称为吠陀（Veda）。—— 译者注
3. Arthur Schopenhauer（1788 — 1860），德国哲学家，唯意志论的创始人。他抛弃了德国古典哲学的思辨传统，力图从非理性方面寻求新的出路。—— 译者注

在梦中似乎同时扮演了几个角色，但实际还是有差别的：我们总是其中的一个，我们总是以这个或那个角色的身份直接地行动和说话，而当我们热切期待另一个人的回答或反应时，却没有意识到恰恰是我们自己控制了这个人的言行，完全如同我们控制自己一样。

复数（众多）这一观念 —— 奥义书的作者特别反对这种观念 —— 究竟是怎样产生的呢？知觉总是同一个有限范围的物质，即同身体的物理状态紧密相连，并且是依赖于它的，当然这要考虑到身体发育过程中青年、成年、老年的意识的变化，或者要考虑到发热、酒醉、麻醉和脑损伤等的影响。可现在的问题是，存在着众多相似的肉体。因此，知觉或意识[1]的复数化（众多化）就是一个颇有含意的假设。也许所有纯朴坦诚的人们和大多数西方哲学家都已接受了这个假设。

这个假设几乎可以立即导致灵魂的发现，有多少肉体就有多少个灵魂，同时也导致了这样的问题：灵魂是否也像肉体那样总是要死亡的；或者它们是永生的，并能脱离肉体而单独存在的。前一种抉择是令人不快的；后一种则干脆忘记了、忽视了或者是否认了众多性假设所依据的事实。人们还曾提出过不少更蠢的问题，例如动物也有灵魂吗？甚至还问女人有没有灵魂，还是只有男人才有灵魂？这些结论尽管还只是推测的，但由此一定会使我们怀疑众多性假设，而所有官方的西方宗教都是受到过这个假设影响的。如果剔除明显的迷信，但保留其关于灵魂众多性的朴素观念，同时又用宣布灵魂是要死亡的，或者是要同各自的肉体一起死亡的说法来"修补"众多性的观念，那么，

---

1. 本章中consciousness和mind经常同时使用，前者译为知觉，后者译为意识，以示区别。——译者注

我们是不是倾向于更加荒谬呢？

唯一可能的抉择是单纯地守住直接经验，即认为知觉是单数的，而关于知觉的复数性则是未知的。也就是说，这里只有一个东西，但看上去却像有好多个，实际上这只不过是由一种幻觉（梵文是MAJA，意即"幻"）产生的同一个东西一系列不同的方面而已。如同在有很多面镜子的房间里，也会产生同样的幻觉。高里三卡峰和珠穆朗玛峰同样也是从不同的山谷看到的同一个山峰而已。[1]

当然，还有许多精心构思的无稽之谈存在于人们的头脑中，妨碍他们去接受这种简单的认识。比如，我的窗外有一棵树，但我并没有真正看到它。这棵真正的树通过一些巧妙的设置使它自身的映像投入了我的知觉之中，那就是我所感觉到的东西。而关于这些巧妙的设置，只有它们最初的相对简单的几步是探索到了的。如果你站在我的旁边望着同一棵树，树也设法把一个映像投入你的知觉。我看到的是我的树，你看到的是你的树（非常像我的树），而这棵树自身是什么，我们并不知道。对于这种过度夸张的言论，康德[2]是要负责的。在认为知觉是一个单数性名词的观念中，很容易换成另一种说法，即显然只有一棵树，而所谓映像之类不过是一种无稽之谈而已。

然而，我们每一个人都有这样的无可争辩的印象，即他自己的经验和记忆的总和形成了一个完全不同于任何其他人的统一体。他把它

---

1. Gaurisankar是喜马拉雅山脉的第20峰，而珠穆朗玛峰为第15峰，过去未能区别。——译者注
2. I.Immanuel Kant（1724—1804），18世纪后半期德国哲学家，德国哲学革命的开创者，德国古典哲学的奠基人，近代西方哲学史上二元论、先验论和不可知论的著名代表，有重大贡献的自然科学家。——译者注

叫做"我"。可是，这个"我"又是什么呢？

我想，如果认真地分析一下，你将会发现它比个人资料的集合（经验和记忆）多不了多少，就是说，它是一块油画画布，在它上面聚集了这些资料。而且经过仔细的内省，你会发现所谓"我"者，实际只是指把那些资料聚集在它上面的那种像画布一样的基质而已。你可能来到了一个遥远的国度，看不到一个熟悉的朋友，差不多把他们全忘了；然后你有了新朋友，和他们一道亲热地生活，就像过去和老朋友一样。在你过着新的生活的同时，你还记得起过去的生活，但是这个事实将会变得愈来愈不重要。你可以用第三人称来谈论"青年时代的我"；而你正在阅读的那本小说中的主人公就更贴近你的心，也许更亲切，更为熟悉。然而没有立即中断，也没有死亡。即使一个高明的催眠术者成功地抹去了你早期的全部记忆，但你也不会觉得他杀死了你。在任何情况下，你都不会有失去个人存在的悲哀和凄凉。

将来也永远不会这样的。

关于后记的注

这里采用的同阿尔达斯·赫胥黎[1]《永恒的哲学》一书中的观点是相同的。这本好书（查托和温德斯出版社1946年伦敦版）不但非常适合于阐明这些观点，而且也解释了这些观点是如此难以理解和如此容易遭到反对的原因。

---

1. Aldous Huxley（1894—1963），英国小说家，诗人及散文家，生物学家J.S.Huxley之弟。——译者注

2

意识和物质

剑桥三一学院，1956年10月

第 8 章
意识的物质基础

问题

　　世界是我们感觉、知觉和记忆共同的产物。虽然把它看做独立的客观存在是很方便的，但是仅靠这种存在是无法显示出世界自己的。它要显示出来是有条件的，依赖于这个世界的那些非常特殊的部分中发生的特殊事件，这里的特殊事件就是指发生在大脑中的某些事件。这是一个混乱的特殊蕴含关系，从而引发了这样的问题：什么特殊性质使大脑活动区别于其他活动，并使其制作出世界的形象呢？我们能否推测出哪些物质的运动有这种力量，哪些没有呢？或更简单地说，何种物质活动是与意识有直接关系的呢？

　　唯理论者可能会草率地对此做出回答，他们大致持以下的论点。他们认为通过我们自身的经验以及由此类推的其他高级动物的经验来看，意识与有组织的生物体内的某些事件相联系，即与某些神经功能有关。但是，动物界中存在的意识起源要上溯到何时，或进化中的哪一个"低级"阶段？意识早期是什么样子？对这些问题的回答只能是毫无根据的推测，它们无法得到解决，答案应留给那些无事可做的空想家。至于去思考其他事件，诸如无机物中的事件 —— 更不用说

所有物质事件了 —— 是否以这种或那种方式与意识相连，更是无端
臆想。所有这些完全是空想，它就像无法被证明一样，也无法被驳斥，
因此对我们的认知来讲没有任何价值。

　　然而，同意将这个问题搁置一边的人应当知道，在他描绘的世界
中留下的是一个多么神秘的空白。神经细胞和大脑在某些种类的有机
体上的突然出现是一个非常特殊的事件，它的意义和重要性已广为人
知。大脑和神经细胞是一种非常特殊的机制，通过它，个体可对环境
的改变做出行为上的相应调整，它是一种适应环境变化的机制。在所
有机制中它是最精致、最具创造性的，无论出现在哪里，它都能迅速
获得主导地位。但是，它并不是独一无二的。很多种生物体，特别是
植物，以完全不同的方式实现非常相似的功能。

　　我们是否打算相信高等动物发展中这个非常特殊的转折 —— 这
也可能是一个根本未曾出现的转折 —— 是世界借助意识之光照亮自
己的必要条件？否则世界是否像一部没有观众的剧目，不为任何人存
在，因此也可以十分恰当地说它不存在？这样一来，我认为将是世界
图景的彻底破产。试图找出一个办法摆脱这个绝境的迫切愿望，不应
因害怕聪明的唯理论者的嘲笑而被阻止。

　　根据斯宾诺莎的观点，每一种特定事物或生命都是无限实体，即
神的变形。它通过其每一种属性，特别是广延属性和思维属性来表现
自身。前者是在时空中有形体的存在，后者就人或动物而言是意识。
但斯宾诺莎认为，任何没有生命的实体也是"神的思想"，也就是它
同样存在于第二个属性中。我们在这里接触到了宇宙中一切都有生命

的大胆想法，虽然它不是首次被提出，甚至在西方哲学中也不是第一次。在此之前2000年，爱奥尼亚哲学家就将其命名为"万物有生命论"[1]。斯宾诺莎之后，G.T. 费希纳[2]的天才才并不因把灵魂赋予植物，赋予作为天体之一的地球及行星系等而感到不好意思。我并不同意这些奇思臆想，也不愿意裁决谁更接近最终的事实，是费希纳还是唯理主义。

一个尝试性的答案

你们看到所有扩展意识领域的尝试，即自问此类事情的任何活动是否可能会合理地与神经活动以外的其他过程有联系，一定会陷入没有证明、也不可能被证明的推测。但是当我们从相反的方向开始时，论证的基础就会更稳固。并非每一神经过程、也绝非每一大脑活动和意识相伴随。它们中大部分都不是这样的，即使它们在生理学和生物学上非常类似于"有意识"的活动，都是由传入刺激和相继的传出刺激构成，并且在对反应的调节和时间控制上具有同样重要的生物学意义。这些反应，部分是发生在系统内部，部分是对正在改变的环境做出的。对于前者，我们碰到的是脊椎神经中枢及它们所控制的那一部分神经系统内的反射行为。许多反射过程虽然通过大脑，但绝不属于意识范畴，或者说与意识几乎无关（对此我们将做出专门的研究）。对于后者，这种区分并不很清晰；在完全有意识和全然无意识间有中

---

1. 原文Ionia是希腊西部地名，hylozoists指万物皆有生命，生命与物质不可分离的学说。—— 译者注
2. Gustav Theodor Fechner（1801 — 1887），德国心理学家。现代西方心理学的主要缔造者之一，他把物理学的数量化测量方法运用到心理学中，为后来的实验心理学的建立奠定了基础。费希纳崇尚自然哲学和具有宗教灵学的神秘思想。为论证泛灵论，长期致力于寻求一种科学方法，使精神和物质统一于灵魂之中。—— 译者注

间情况存在。通过考察人体内非常相似的生理过程的不同典型，经过观察和推理，便不难发现那些我们寻找的有区别性的特征。

在我看来，答案可以在下列众所周知的事实中找到。那些有我们的感觉和知觉、也可能有行为参与的一系列事件在以同样的方式屡屡重复时，它们就渐渐脱离意识范畴。但一旦场合或环境条件与以前的不同，事件的发生就是有意识的。即便如此，起初闯入意识领域的只是那些变化或"差异"，它们使新事件区别于以前的事件，因而需要"新的考虑"。对于上述这些情况，我们每个人都可根据个人经验举出很多例子，这里就暂时不必详细列举了。

从意识中逐渐隐退对于我们精神生活的整个结构具有非常重要的意义。我们的精神生活完全建立在通过重复练习而习得的过程上，理查德·塞蒙[1]把这个过程概括为"记忆"，对此我们将在后面文章做进一步陈述。单独一次从不重复的经验在生物学上并不重要。生物学中有价值的仅在于有机体对情景的适当反应的学习。当这种情景一再出现 —— 在许多情况下是周期出现，如果有机体能停留在同一地方，就要求它做出相同的反应。从我们自身的经验可以了解到如下情况。在最初的几次重复中，一个新的元素出现在脑海中，这是阿芬那留斯[2]所称的"已经遇到"或"非全部"。经过不断的反复，整个系列事件越来越成为固定程序，愈来愈乏味，对这些事件的反应也变得从未有过的可靠，随即就从意识中消退了。就像男孩背诵诗歌，女孩演奏钢琴

---

1. Richard Semon，德国进化生物学家，对"记忆"进行了专门研究。—— 译者注
2. Richard Heinrich Ludwig Avenarius（1843 — 1896），19世纪德国哲学家、经验批判主义创始人之一。—— 译者注

奏鸣曲"就像在梦中"一样。当我们沿着习惯路线上班，在老地方穿过街道，转到侧街，我们的思想往往被与走路完全不同的事情所占据。但当情况出现相对改变，比如在我们原来过马路的地方没有了路，我们必须绕道而行 —— 这个改变以及我们对变化做出的反应就闯入了意识。但是如果我们不断重复这些变化，它们将再次从意识中消退到阈值以下。面临选择，分岔产生了，并且按上述方式固定下来。我们无须过多地思考，便可在正确的位置选择通往大学报告厅或是物理实验室的道路，只要这两个地点我们都经常去。

这类的区分、反应的变化、分岔等交叉叠加，其数目之大难以测量，但只有最近发生的仍留在意识中，意识中只留存生物体仍处在学习和练习阶段的那些变化。我们可以打个比方，意识像一名指导生物体学习的教师，他让学生去独立完成那些完全可以靠自己完成的作业。但我希望再三强调，这不过是一个比喻。我想说的事实仅在于，只有新情况及它们引发的新反应保存在意识中，而那些旧的经过反复练习的则不再如此。

日常生活中有许多操作和动作必须经过非常专心和细心的学习，比如小孩迈出第一步的尝试，他的注意力非常集中于此；他也会因第一次成功而高兴得大喊。成年人系鞋带、开灯、夜晚脱衣服、用刀和叉吃东西 …… 所有这些动作都曾经过一番认真学习，但现在却丝毫不会察觉自己在做这些事情。这偶尔也会导致一些滑稽的错误。下面是一个关于一名著名数学家的故事。一次在他的家庭晚宴上，当所有客人都到后不久，他的妻子却发现他关着灯躺在卧室的床上。发生了什么事？原来他进卧室是为了换一条干净的衬衣领，可因陷入了沉思，他摘掉旧衣领这个动作引发了习惯上接下来做的一系列动作。

　　我认为所有这些广为人知的、来自智力个体发育的情况似乎有助于了解无意识的神经活动的系统发育，诸如心脏的跳动、胃肠的蠕动等。面对着几乎不变，或有规律变化的情况，它们已训练有素，因此早就从意识领域中退出。我们也发现有中间情况存在，例如呼吸，通常不被人注意，但当环境有所改变时，例如在浓烟中或哮喘病发作时呼吸发生了变化，因而被意识到。另一个例子是因悲伤喜悦或身体上的疼痛突然流泪，这虽然是有意识的，但几乎不会受到意志的影响。生物体的某些记忆下来的遗传特性是很滑稽的，例如因恐惧而毛发竖起，因极度兴奋而唾液停止分泌，这些反应在过去一定有某种重要意义，但就人类而言那些意义已不复存在。

　　我怀疑是否所有人都愿同意我的下一步论证，即把这些概念扩展到神经活动之外。虽然我个人认为这很重要，但暂时对此只做简单提示。这个扩展正好有助于解决我们一开始提出的问题：什么物质事件和意识相关，或伴随意识出现？什么物质事件不是这样？以下是我的答案：我们前面讲到和说明的神经活动的特性，总的来说是器官活动的特性，它们只要是新的，便与意识有关。

　　依照理查德·塞蒙的观点和他所用的术语，不仅大脑而且整个身体的个体发育都是在重复以同样方式出现过1000多次的系列事件。正如我们通过自己的经验所了解的那样，生命的第一阶段是没有意识的 —— 即在母亲子宫中最开始的那段时间；在接下来的几周、几个月的大部分时间中，它也是在睡眠。在这段时间里，婴儿继续一种旧有地位和习惯的进化，在这个过程中它所遇到的具体情况的差异是非常非常小的。接下来意识随着身体器官的发育开始出现，只要有器官逐渐与环境作用，随着环境的变化而调节其功能，它们就会受到环境影响，经受锻炼并以特殊的方式被环境修改。我们高级脊椎动物主要在神经系统中拥有这样一个器官。因此意识与这个器官的一些特殊功能发生联系，这些功能通过我们所谓的经验，使自身适应不断变化的环境。神经系统是我们物种仍在经历种系发育变化的地方；若把我们比做植物，它就位于茎干的顶端。下面总结一下我的假设：意识与生物体的学习密切相关；但是它对这一切如何发生却是无意识的。

伦理观

伦理观的问题对我而言非常重要，尽管它仍可能令别人感到疑惑。然而即使没有这最后的延伸部分，我描述的意识理论似乎也已为科学地理解道德观铺平了道路。

在所有时代所有民族中，每一种恪守的道德标准都曾经是且现在仍是自我否定。伦理观总是以一种要求和挑战的形式，以一种"你应该如何"的方式出现，这种强制在某种意义上总是背离了我们的原始意志的。"我要"和"你该"的特殊对比缘自何处？压抑原始欲望，不能自己做主，背弃真实的自我的要求是不是很荒谬？如今我们听到对此的嘲笑的确比其他任何时候都多。我们间或会听到这样的口号"我是我自己，给我发展个性的空间！绝不压抑与生俱来的欲望！所有那些反对我的'应该'都是无稽之谈，是神父蓄意的欺骗。上帝是大自然的主宰，我们可以相信自然之神按照她自己的意愿塑造我们。"反驳他们这些毫不隐讳的声讨并不容易，他们公然把康德的道德律[1]当做是非理性的。

但幸运的是这些声讨的科学基础是不牢靠的。我们对生物体形成的了解使我们很容易理解，实际上有意识的生命必然与我们原始的自我欲望进行持续抗争。对自然状态的人而言，我们原始的意志以及相伴而来与生俱来的欲望，显然是从祖先那里继承的物质遗产的精神参照。作为一个物种我们在发展，我们行进在人类进化的前沿；因此人类生活的每一天都体现了我们物种进化的点滴，这种进化仍在积极进行中。诚然，人类生活的每一天，甚至个体的全部生命史，只不过是永远无法完成的雕塑上一点细小的斧痕。我们在进化中已经历的巨大的变化也正是由这无数斧凿汇聚成的。当然，这种转变的介质和它出现的前提条件是可遗传的自发变异。但是，对其中的选择而言，突变载体的行为和他的生活习惯非常重要且有决定性的影响。否则，即使在很长的时间范围内，物种的起源和选择过程的表面趋向也无法被理解，而这时间范围毕竟是有限的，我们清楚地知道这一限制。

因此在生命的每一步、每一天中，我们当时拥有的某种形体似乎必须发生变化，它们被征服、被删除或被某种新的形体取代。我们原始意志对此的抵抗是现存形状对改造其形体的斧子的抵抗的精神呼应。对于我们来说，我们自己既是斧头也是雕塑，既是征服者也是被征服者 —— 它是一个真正持续不断的"自我征服"。

1.康德认为人类道德的特点是实践理性，即善良意志和欲望的斗争。道德律出于理性自身是判断行为善恶的根本标准，它对主观上不免产生各种欲念的人是客观的"绝对的命令"。它可以表述成："要这样行动，永远使你的意识的准则能够同时成为普遍制定法律的原则。"—— 译者注

鉴于这个进化过程与个体生命甚至历史纪元相比那种过度的缓慢，认为它明显直接地与意识形成相关不是很荒谬吗？难道这个过程不是悄然地进行着吗？

不，根据我们前面的考虑来看，情况不是这样。这些考虑最终将意识看做与生理进程相关，并且因与环境的相互作用而仍在经历改变。此外，我们的结论是，只有那些仍处于被训练阶段的变化才会被意识到；在未来它们会成为物种遗传上固定的、训练有素的、无意识的财富。简而言之，意识是进化范畴内的一种现象。这个世界只有在发展的地方才能显示出来，或者只有通过发展，并产生新的形式来照亮自己。停滞的地方在意识中消失；它们只可能在与进化的地方相互作用时才出现。

假定这些是正确的，那么意识与内心欲望的抗争无法分开，甚至它们似乎互成比例。这听起来像是一个悖论，但所有时代、所有民族中那些最睿智的人已证实了这一点。这个世界为人类点亮了璀璨的意识之光，而人类用自己的生命和语言塑造并改变着我们称为人性的那件艺术作品，并用演说和文字甚至用生命来证明它。因此，人类比其他任何物种更能强烈地感受到内心不和谐而引起的剧痛的折磨。希望这能成为对同样承受这种痛苦的人的一种安慰。若没有这种不和谐，人类就不曾承受任何痛苦，就没有进化。

请不要误解我，我是一名科学家，不是道德训诫者。不要认为我希望把我们物种向更高目标发展的观点提出来，作为宣传道德准则的有效动因。不会如此的，既然这个道德准则是一个无私的目标、一个公正的动因，那么它已内含了美德，正在等待着被接受。我觉得和其他人一样无法解释康德实践理性中的"应该"。但这个道德律以其最简单的普通形式（不要自私）出现，则是一个显而易见的事实；它就在那里，甚至被那些不经常遵循它的大多数人所认同。我认为这种令人费解的存在，表明了我们人类已开始从利己主义向利他主义的生物学转变，表明了人类开始成为了社会动物。对于单个动物来说，利己主义是优势，它可以保护发展该物种；但在任何集体中，它则是一个具有毁灭性的弊端。一种处于开始形成阶段的动物不限制利己主义将会消亡。像系统发育年代更久的动物蜜蜂、蚂蚁和白蚁，已完全抛弃了利己主义。但个人利己主义的下一阶段——民族利己主义或简称民族主义仍在它们中间大行其道。一个迷路走错蜂房的工蜂会毫不犹豫地被杀戮。

在人类身上，似乎出现了某种并非不常出现的情况。在第一次调整变化的基础上，沿着同一方向第二次变化的清晰轨迹，在第一次变化远未完成前就显而易见了。虽然我们仍是相当强烈的利己主义者，但我们中的许多人开始看到民族主义是错误的，应被摈弃。在此或许某种非常奇怪的现象会出现。因为第一步远未实现，利己的动机仍具有强烈的吸引力；第二步，平息不同民族间的争端，可能反而会更容易。我们每一个人都受到令人恐怖的新式侵略武器的威胁，因此期望民族间的和平。如果我们是蜜蜂、是蚂蚁、是古斯巴达的武士，对于他们而言，恐惧根本不存在，怯懦是世界上最令人羞耻的事，那么战争将永不停息。但幸运的是我们只是人——是怯懦的人。

这一章的思考和结论对我而言非常久远，可向前推30年。我从未忽视过它们，但我非常害怕它们可能会被抛弃，因为它们是以"获得性状的遗传"即拉马克主义[1]为基础。然而即使抛弃"获得性状的遗传"，换句话说接受达尔文的进化论时，我们也会发现一个物种个体的行为对进化的方向有非常重要的影响，因此这似乎是某种伪拉马克主义。在下一章中，我将引用朱利安·赫胥黎[2]的观点对此作出解释，但那将主要针对一个略微不同的问题，并不只是为上述提法提供支持。

---

1. 法国生物学家拉马克（1744—1829）创立的关于生物进化的学说，提出了生物进化的两条法则：a. 用进废退法则；b. 获得性状遗传法则。——译者注
2. Julian Huxley（1887—1975），英国生物学家，Thomas Henry Huxley之孙，现代综合进化论奠基人之一。他同时提倡进化人道主义，认为人类自身有消除战争的能力，"最基本的伦理准则应是尽所能改善人类的未来"。——译者注

第9章
了解未来[1]

生物发展的死路

"我们对世界的理解已处于结论性或是终极阶段,从任何方面来看都已是最大限度的或是最佳的"。我认为这种情况极不可能。我这样讲的意思并不只是因为各门科学的研究仍在继续,我们在哲学和宗教上的努力可能会发展和改变我们目前的世界观。实际上,在下一个2500年里我们沿着这个途径可能取得的成就,与自普罗泰戈拉[2]、德谟克里特[3]、安提斯泰尼[4]后已经获得的成就相比无足轻重。我这样讲是由于这样的考虑,即我们没有任何理由相信人类的大脑是反映世界的所有思维器官中最高级的。很可能某个物种拥有类似于人脑的器官,将其反映的世界与人类脑海中的相比,就如同把人脑中的意象与狗的相比,或相当于把狗反映的世界与蜗牛的相比。

1.本章材料最早是在1950年9月在英国广播公司的三个演说中发表。

2.Protagoras,公元前5世纪的古希腊哲学家,智者派的主要代表人物,当时希腊哲学关注的重点从自然转向人。他提出"人是万物的尺度",认为事物的存在是相对于人的感觉而言的。——译者注

3.Democritus(公元前460—前370),出生于色雷斯的阿布德拉。古希腊哲学家,原子唯物论的创始人之一,他主张原子和虚空是万物的本原。——译者注

4.Antisthenes(约公元前444—前371),古希腊哲学家,是主张自然主义的犬儒学派的奠基人。认为美德是唯一需追求的目标,鄙视一切舒适和享受,尊重自然而贬抑习俗和法律。——译者注

如果真是这样，虽然原则上与我们的论题并不相关，这仍会引起我们的兴趣。作为人类，我们想知道是否我们自己的后代，或我们中一些人的后代会在地球上遇见任何这类事件。地球完全可以为将来这类事件的发生提供场所，它年富力强，在过去的10亿年中，我们从最原始的生命形式进化成了现在的模样。在未来的10亿年它可继续成为人类的生存空间。但人类自己又怎样呢？如果我们接受现在的进化论——我们还没有比这更好的理论——那么很可能我们的进化发展已接近停滞。人类身体上的进化是否仍会继续？我是指那些逐渐成为固定遗传特征的体质上的相关变化，正如我们现在的身体已由遗传（用生物学家的专业术语来说就是"基因型变化"）固定了下来一样。这个问题很难回答。我们可能正在接近或许已经到了一条死路的尽头。这并不是一个未曾有过的例外事件，并不意味着我们物种很快会灭绝。根据地质学记载，我们了解到一些物种，甚至大的种群很久以前就到了进化的尽头，但它们并没有灭绝，而是几百万年来形态一直保持不变，或没有明显的变化。例如，乌龟和鳄鱼在这种意义上就是非常老的种群，是远古的遗物。我们也了解到昆虫整个大种群或多或少也面临着同样的问题，昆虫的种类要比动物界中其他物种的总和还要多得多，但百万年来它们的形态几乎没有太大变化，而地球上的其他生物在这段时间内已变化得无法看出最初的形态。昆虫无法进一步进化的原因可能是，它们的骨骼在体外，而不像我们人类的骨骼位于身体内。这样的骨骼盔甲为它们提供了保护，并保证了它们的力学稳定性，但却无法像哺乳动物那样，从出生到成熟阶段，骨骼也经历生长。这必然导致个体生命史中逐渐的适应性变化很难发生。

下面提出几个似乎妨碍人类进一步进化的论据。根据达尔文的理论，在自发性的遗传变化 —— 现在叫做突变 —— 中，"有利的"变异被自动地选择，这些变异通常只是细微的进化步子，如果确实对进化有益的话，也只能是一点点益处。这也就是为什么在达尔文理论中物种进化必须付出巨大代价，那些有巨大数目后代的物种，其中只有很少一部分可能存活。只有那些有一小点改良的个体才有一定的可能性存活下来。但在文明人中以上机制很难适用，在某些情况下甚至朝相反方向运作。总的来说，我们不愿看到自己的同类承受痛苦以及消亡，于是我们逐渐引入了法律和社会制度。它们一方面保护生命，谴责有计划地弑婴，努力帮助每一个病弱的人生存；但另一方面，它们替代自然选择、淘汰不适应生存者的法则，把后代数量限制在生计允许的范围内。这种平衡，部分可通过一种直接的办法，即实施生育控制实现，部分可通过防止相当比例的妇女生育来达到。偶尔在有些情况下，战争的疯狂，以及接踵而至的所有灾难和错误 —— 我们这一代人对此有太深切的体验 —— 都有助于这种平衡。数以百万计的成年男女和儿童因饥饿、毒气、传染病而死亡。发生在遥远过去的部落、氏族间的战争被认为有积极的选择价值，在历史上它是否真正有积极作用尚令人怀疑，但毫无疑问，现在它根本没有这种作用。它意味着不作选择的杀戮，正如医药和手术的发展不加区别地挽救生命一样。虽然我们认为两者在道义上全然对立，但无论战争还是医术，都不具有任何选择价值。

达尔文主义的明显的悲观情绪

这些思考暗示作为一个正在发展的物种，我们已处于一种停滞状态，而且进一步发展的希望渺茫，但即使情况真是这样，我们也无需烦恼。像鳄鱼和许多昆虫一样，我们可不经过任何身体变化而继续存活上百万年。然而从某种哲学观点来看，这个想法仍令人沮丧，我打算举一个相反的例子。因此我必须涉及进化论的某一特定方面，在朱利安·赫胥黎教授著名的《进化论》[1]一书中我找到了支持；按照他的看法，这方面的论点并不总是被近来的进化论者充分赞赏。

　　鉴于在进化过程中生物体的明显的被动性，对达尔文理论的通俗阐述容易让你产生一个沮丧泄气的看法。突变自发地出现在基因组中——基因即所谓的"遗传物质"。我们有理由相信，它们服从物理学家所称的热力学涨落的规律，换句话说，主要是由概率引起的。个体生命既对从父母那里获得的、也对留给后代的遗传宝库不产生任何影响。"自然选择适者生存"作用于出现的变异，这似乎再一次意味着变异完全是概率现象，因为有利的变异可以增加生物体生存和繁殖后代的希望，这个变异又会被传给后代。除此之外，变异的其他的在生命中的活性似乎与生物学不相关，因为任何这类活性都不会对后代产生影响，获得性状不遗传。生物习得的任何技能和训练都会不留痕迹地随着个体的死亡而消失，不会被传递。在这种情况下，有智慧的生命会发现大自然仿佛拒绝与他合作——她一意孤行，使个体生命注定无所作为，真正地虚无。

　　正如你们所了解的那样，达尔文的理论并不是第一部系统的进化论。它之前有拉马克的理论，该理论完全建立在如下的假设上：生物个体在生育前的特定环境或行为中获得的新特征能够而且事实上经

---

1. George Allen and Unwin出版社，1942。

常地传给后代，即使这些特征不能完全传递，至少也留下痕迹。因此
如果一种生活在砾石或沙土上的动物，它的脚底长出了保护性的茧，
这种茧逐渐具有了遗传特性，那么它的后代无需艰难的获取过程便可
得到这份免费馈赠的礼物。同样地，力量或技能，甚至为了特定目的
而连续使用某器官而引起器官的实质性变化，都会保留下来，至少部
分会传给后代。拉马克这个观点不仅让我们对生物体所共有的那种精
致得令人惊诧的身体结构和对环境的特殊适应能力有了简单的理解，
它本身也很美好，令人喜悦、鼓舞和感到震撼。它远比达尔文描绘的
那幅令人沮丧的被动画面具有吸引力。在拉马克的理论中，一个将自
己看做是漫长进化链条一环的智慧生命，会很自信地认为自己发展
身心所作努力的生物学意义不会失去，它虽小却构成了物种趋向日臻
完美的进化的一部分。但令人不悦的是拉马克理论站不住脚。这个理
论的基本假设 —— 获得性状可以遗传 —— 是错误的。我们已确切知
道这些性状不能传递。进化的每一步都取决于那些自发的偶然的突变，
它们与个体一生中的行为无关。于是我们又被推回到前面描述过的达
尔文主义那令人失望的灰暗论点中去。

行为影响选择

　　我现在要向你们说明，事实并不完全是这样。无需改变达尔文主
义的基本假设，我们就可以看出个体行为，它运用潜质的方式，在进
化中扮演着相关角色，甚至可以说是最有直接关系的角色。拉马克主
义中有一个要点非常正确，它认为不可撤销的因果关系存在于二者之
间：一方面是功能的发挥和对某一特征 —— 器官、性质、能力或身体
特征 —— 的真正有效的使用，另一方面是这个特征在世代交替过程

中的发展和为了被有效地使用而逐渐获得改良。这种被使用和被改良之间的联系是拉马克理论中非常重要的认识，它在目前的达尔文理论中继续存在，但当对达尔文的理论研究只停留于表面时很容易被忽视。实际上，事物的进程几乎与拉马克主义描述的一模一样，只是事物发生的机制要比它复杂。这一点并不是很容易解释或掌握，因此先把结果说一下，可能有助于对它的理解。为了避免含混，我们设想一个器官，虽然我们讨论的特征可能是任何特性、习惯、装置、行为，甚至是该特征的微小附属。拉马克认为这个器官：(a) 被使用；(b) 因此得到了改进；(c) 这个改进传给了后代。这是错误的，我们必须这样考虑：这个器官 (a) 经历了偶然的变化；(b) 有利的变异被积累或至少被选择力作用；(c) 一代一代继续下去，被选择的变异构成了持续的进化。根据朱利安·赫胥黎的解释，拉马克主义与达尔文主义最显著的相似出现于下面的情况：引发过程的最初变化不是真正的突变，也不属于可遗传类型，但如果是有利的，它们会被他所说的"器官选择"所作用，当这些突变碰巧出现在"理想"的方向时，它们就会为真正突变的被迅速采用铺平道路。

让我们对此作一些较详细的探讨。最重要的一点是，通过变化、突变或突变加一点选择而获得的新特性，或特性的某些修改，可能很容易引发生物体与环境相关的某些活性，向着更加有用而易被选择"捕获"的方向发展。个体可能会因拥有新的变化的特征而改变它的环境——通过具体的改造，或通过迁移来实现，或者它可能会根据环境改变自己的行为，所有这些努力都是为了加强新特性的有用性，从而加速在这个方向上进一步的选择性改良。

　　这个论断可能会让你觉得太唐突，因为它似乎要求个体具有目的性或很高的智力水平。但我想指出，这个陈述虽然包括高等动物智慧的有目的性的行为，但这类行为并不仅限于高等动物，下面我举几个例子：

　　一个物种中不是所有的个体都拥有完全相同的环境。例如一朵野生物种的花，有些生在背阴处，有些长在阳光下，有些在高山的山脊，有些在低谷的谷底。一个变异种，例如多毛的树叶，在海拔高的地区非常有利生长，于是它被高山选中，而在低谷中"消失"。结果仿佛是多毛的变异种迁往对这个方向上进一步突变有利的环境。

　　另一个例子：飞行能力使得鸟能在高高的树梢上筑巢，在这个高度它们的幼仔不易被敌人接近。那些习惯于这个高度的鸟具有选择性优势。下一步是，这种住所必然会选择幼鸟中那些熟练飞行的。因此一定的飞行能力会引起环境的改变，或引发行为向着有利于积聚同样能力的环境改变。

　　生物最显著的特征是分化成物种，许多物种对于十分特殊的复杂行为，特别是它们赖以生存的行为具有特异性。动物园几乎是一个奇异的动物博览会，如果它能包括有助于了解昆虫生命发展史的内容，就更像一个博览会。但非特异性是例外，规则只适用于那些具有"如果自然不制造出它们的话，没有人会想到"的特殊技巧的特异性。难以相信这些特异性都源于达尔文的"偶然积累"。无论你愿不愿意，事情总是这样的：生物总是在某些趋向复杂的方向上受到了力和倾向性的压力，而离开了"简单明了"。"简单明了"似乎代表事物的一种不稳定的状态。与它分离可以触发力，从而倾向于在这个方向上的进一步分离。人们已经习惯于从达尔文的独创性观点的角度进行思考，但是如果某一特殊装置、机制、器官及有用的行为的发展，是由一长串彼此独立的偶然事件引起，那将很难理解。实际上，我相信，只有那些"在某一方向"上的初始的微小的起步，才有这种结构。通过在开始获得优势的方向上越来越系统地进行选择，这种起步为自己创造出"锤击可塑材料"的环境。用比喻的说法来形容：这些物种已经发现它们的生命机遇在何方，并循着这条路前进。

伪拉马克主义

通常认为，偶然突变赋予个体某种优势，且利于它在某一给定环境中生存。我们必须尝试用一种普通的、非万物有灵论的方法来阐明，为何这种偶然突变应起到比通常看法更大的作用。也就是阐明，它们可以提高自己被有利使用的可能性，从而使自己似乎能专注地接受环境的选择性影响。

为了揭示这一点，我们把环境系统地描述成有利和不利环境的总和。前者包括食物、水源、房屋、阳光及其他，后者包括来自别的生物（敌人）的威胁、毒药和恶劣的环境等。为了简便，我们将第一种称为"需求"，第二种称为"危害"。并不是每一种需求都可以获得，每一种危害都可以避免。但为了生存，一个物种一定已获得了在避免最致命的敌人和获取资源满足最迫切的需求间的一种折中行为。有利的突变可以使资源更易于获得，或可减小来自某些敌人的威胁，或这两种优势兼而有之，因此提高了个体的生存概率。此外，它还改变了最佳折中点，因为它改变了个体接受需求和灾祸的相对比重。于是，那些能够通过机会或智力改变它们行为的个体更受选择青睐，因而更易被选中。这种行为上的变化不会通过基因直接遗传给下一代，但这并不意味着它们不会被传递。多毛突变型花的产生（它们遍布山坡）为我们提供了最简单、最初步的例子。多毛突变型花主要在高山上具有优势，它们将种子播撒到这样一个区域，以便"多毛变异"的下一代整体地"爬上山坡"，"更好地使用它们的有利突变"。

在上述所有情况中我们必须牢记，整个环境一般总是动态的，其中争斗也异常激烈。一个大量繁殖的物种，存活率并没有明显地增长，因为威胁其生存的力量大于需求——但个体存活是例外。此外，危害和需求经常结伴而来，于是紧急的需求只有在勇敢地面对敌人时才能得到满足。（例如，羚羊必须冒着危险来到河边喝水，因为狮子跟它一样熟悉这个地方。）危害和需求复杂地交织在一起，因此，一个减小危险的特定突变会对那些挑战危险、从而避免其他危险的突变，产生很大的影响。这可能会导致一种值得注意的选择的出现，它不仅属于我们讨论的遗传特征，同时也与使用该特征的技能（希望得到的，或是偶然的）有关。这种行为通过示范或学习传给后代，这里的学习是这个词的概括涵义。行为的这种转变反过来又促进了在同一方向上的进一步突变。

这种效应与拉马克描绘的生物机制非常类似。虽然既没有获得性行为，也没有它引起的任何身体变化直接传给下一代，但行为在这个过程中还是有着重要的作用。然而其中因果关系并不像拉马克认为的那样，而是相反。不是行为改变了父母的体格，并通过遗传改变了后代的形体。而是父母身体的变化 —— 直接或间接地通过选择 —— 改变了它们的行为；行为的变化又通过示范讲授或更原始的办法，与基因携带的形体变化一块儿传给了后代。即便形体变化不是可遗传的，"通过教授"来传递行为也可以成为非常有效的进化因素，因为它为迎接未来遗传上的突变敞开了大门，并随时准备最好地利用那些变异，使它们更容易被选中。

习惯和技能的遗传固定

有人可能会对此提出反对意见，认为我们这里描述的情况只可能偶尔发生，无法无限地继续下去，从而形成一种适应性进化的基本机制，因为行为本身的变化并不通过身体遗传、通过遗传物质和染色体来传递。的确，习惯和技能肯定在遗传上不能固定，并且很难看出它应如何被收到遗传宝库中去。这确是一个重要问题。然而另一方面，我们确实看到习惯可以遗传，例如鸟类筑巢、猫狗的清洁习惯，就是明显的例子。如果依照传统的达尔文思想，这将无法被理解；照此看来，达尔文主义将不得不被抛弃。这个问题在人类身上考证其真实性有非常重要的意义，因为我们希望在纯粹生物学意义上推理出，一个人在其一生中的努力和劳动能对物种发展做出贡献。下面是我对此做出的简单描述。

根据我们的假设，行为的变化与身体的变化是平行的，前者是作为后者偶然变化的结果，但它很快会引导进一步选择的机制进入既定的路线，因为它自身利用了最初的优势，只有在同一方向进一步的突变才具有选择价值。但（请允许我这么说）随着新器官发展起来，行为越来越与其紧密相连。你不可能从不做具体劳作而拥有一双灵巧的手，如果那样，这双手只会妨碍你（这种情况可能会出现在舞台上的业余演员身上，因为他们用手做的只是假动作）。你不可能不去试图飞翔而拥有一对擅长翱翔的翅膀；你不可能不通过模仿周围听到的声音而拥有一个精致的发音器官。把拥有一个器官和强烈希望使用这个器官、并通过练习提高它的技能，看做生物体的两个不同特征是一种人工的划分。这种区分只可能通过抽象的语言实现，在自然界中找不到对应。的确，我们决不能认为"行为"总会逐渐进入染色体结构并在那里获得位置。但是，携带习惯和使用方式（行为）的是新器官（它们已在遗传上固定了下来）自身。如果没有生物体自始至终地通过有效使用新器官来协助，那么选择作用在"制作"新器官时就会无能为力。这点是非常基本的。因此，这两个平行发展的事物最终（或实际上在每一个阶段）会合二为一，在遗传上固定下来，成为一个使用过的器官——就像拉马克说过的那样。

　　将这个自然选择过程与人类制造工具相比具有一定启发意义。初看，它们之间有明显的区别。当人们制作一个精致的物体时，假如很急躁，在它完成之前就试图反复使用它，那么在大多数情况下会毁掉它。而大自然以完全不同的方式运作，她无法制作出新的生物体或新的器官，除非它们被连续使用，它们的效率被不断检查。但事实上这个类比是错的，人类制造工具实际上相当于个体发生，即个体从种子发育到成熟。这里太多的干涉是不受欢迎的。幼小的必须被保护，在它们获得该物种拥有的全部力量和技能前，决不能让它们开始工作。也许可以用自行车的发展历史来和生物进化做真正平行的类比。展览会可以告诉你这种工具怎样一年又一年、一个时代又一个时代地变化。

同样，也可用火车、汽车、飞机、打字机的历史来做对比。关键在于所说的机器应该如同在自然进程中一样被连续使用从而得到改进；而事实上这种改进不是靠使用，而是依赖实际获得的经验和改进的需求来完成的。顺便讲一下，上面提到的自行车像一个老的有机体，它已经到达了可达到的最完美阶段，因此停下来不再经历任何变化。然而它并不会消失。

智力进化的危险

让我们回到这章的开头，从这样一个问题开始：人类是否有进一步进化的可能？我认为上面的讨论已提供了两个有关的论点。

第一点是行为的生物学重要性。顺应着与生俱来的器官功能和外部环境，随着两者中任一因素的改变而进行调节，行为虽然本身不可遗传，但可不同程度地加速进化的过程。虽然在植物和低等动物中，缓慢的选择过程导致了恰当行为的产生，换句话说，恰当的行为产生于试验和改错，而高智商的人类可以按自己的选择来行事。这极大的优势可以很容易地克服过程缓慢和生育较少带来的不利。不要让后代的数量超出生计保障范围，否则，从生物学看就是很危险的。

第二点，是否人类还能期望有进一步的进化？这是和第一点紧密相关的。可以用下面的方式来回答：这取决于我们自己和我们所做的事。我们决不能坐等事情的发生，认为它们是由不可逆转的命运决定的。如果我们需要它，就必须采取行动。反之，如果不需要它，就可不必。正如政治和历史的发展以及历史事件的次序不是命运强加给我们的，而是很大程度上取决于我们自己的行为，因此生物的未来，作为一种在大时空范围的历史过程，决不能认为是按照自然法则预先决定的、不可更改的。自然法则不像我们观看鸟和蚂蚁那样注视着人类 —— 像剧中的表演者一样，甚至也不会关注一个更高级的物种，虽然表面看起来它似乎是在这样做。人类总是愿意 —— 无论在狭义上还是在广义上 —— 把历史看成预先注定的事件，被无法改变的法则和规则所控制。原因非常明显，因为每个个体都会感觉到在这件事上他能起的作用非常小，除非他能使别人接受自己的观点，并说服他们、调整他们的行为。

关于为保证我们的生物学未来所需要做的具体行动，只想提我认为最重要的一点。我认为，我们正在面临着错过"通往完美之路"的很大危险。从上面的全部讨论来看，选择对生物的发展是不可或缺的必要条件。如果将其完全抛弃，发展就会停滞，甚至可能会倒转。用赫胥黎的话来形容："…… 有害（丢失）突变会导致器官的退化，当器官变得没有用时，选择不再会作用于其上，使其继续保持进化的痕迹。"

现在我确信，越来越高的机械化程度和"使人愚蠢化"的大多数生产过程，包含着使我们的智力器官总体上退化的严重隐患。伴随手工业的衰退和生产线上单调而枯燥的工作的普及，当聪明工人和迟钝工人的生存机会变得越来越相等，好的脑子、灵巧的双手和敏锐的眼睛就会愈来愈成为多余。而一个不聪明的人将会受到青睐，他会自然地发现服从于枯燥的苦干更容易，发现生存、安家、养育后代更容易。这个结果可能易于导致才能和天赋方面的负向选择。

　　由于现代工业社会生活的艰辛，一些机构应运而生，帮助人们减轻辛劳，诸如保护工人不受剥削和失业的威胁，拥有许多其他的福利和安全措施。这些措施十足地被认为是有益的、不可缺少的。但我们不能无视这个事实：减轻个人照料自己的责任，使每个人机会均等，同时也是在消除能力上的竞争，这无异于为生物进化装了高效的刹车。我意识到这个特殊观点会引起很大争议。人们可能会拿出有力的论据说明，福利的益处一定大于对生物进化的未来的担心。依我看幸好它们是同时出现的。枯燥，仅次于需求，成为我们生活中痛苦的又一根源。我们不应让发明的精致机器生产越来越多的多余奢侈品，相反，我们必须计划改进它，以便让它替人类做所有那些不智慧的、机械的、使人像机器般的工作。机器必须取代那些人类已太熟练的劳作，而不是让人来做那些用机器做太昂贵的工作。这样做虽然不会降低生产成本，但会使参与其中的人更愉快。可是只要全世界的大公司和企业间的竞争存在，这个计划实现的希望就很小。而这种竞争是没有意思的，因为它在生物进化上毫无价值。我们的目的是强调个人间有趣的有智慧的竞争，把它们恢复到应有的位置上去。

第 10 章
客观性原则

　　9 年前我提出了两个构成科学方法的基础的总原则，即大自然的可理解性原则和客观性原则。从那以后，我经常涉及这两个原则，最近一次提及是在我的小册子《自然与希腊人》[1] 中。在此我希望详细地谈一下第二个原则 —— 客观性。在说明它的意思之前，请允许我澄清可能会产生的误解，因为从对那本书的一些评论中我逐渐意识到，也许在这一点上会出现误解，虽然一开始，我就在防止它的出现。误解的产生完全是因为一些人似乎认为我企图制定一些基本原则，它们应被作为科学方法的基础，或至少是必须公正合理地不惜一切代价去坚持的科学的基础。但事实远非如此，我只是一再声明这两个原则是古希腊思想的承传，而我们西方的科学和所有科学思想都源于古希腊人的创造。

　　这个误解并不让人很吃惊。如果你听到一名科学家宣布基本的科学原则，并强调其中两个特别基本且具有古老地位时，可能会很自然地想到，至少这位科学家非常赞同这两个原则，并希望别人也一样赞同。但在另一方面，科学从不强加于人们任何事物，它只是陈述。科

1.剑桥大学出版社，1954。

学的目的只不过是对客观事物做出正确恰当的陈述。科学家强加于人的只有两点，即真理和真诚，他不仅迫使自己，同时也迫使其他科学家遵从。在当前的例子中，研究的对象是科学本身，是已经历了发展和变化成为了当今状态的科学，而不是在未来应该成为或应该发展为的科学状态。

现在我们转而看这两个原则。就第一条"自然可以被理解"，我只想简单谈一下。最让人吃惊的是这个原则必须被发明出来，而且它的诞生绝对必要。它起源于希腊的米利都学派[1]。从那以后，它基本保持了原样，虽然可能不是没有经过任何变化。现在，物理学的某些思想就可能给它造成十分严重的冲击。物理学中的不确定原则[2]，声称自然界中缺少严格的因果关系，便可能背离或部分抛弃了它。虽然讨论这个话题会很有意思，但我还是决定在此只专心谈论另一个原则，即所谓的客观性原则。

我说的客观性原则也常被称为对我们周围的"真实世界的假说"。我认为这是一个相当简化的概括，我们采用它以便掌握自然界中无限复杂的问题。没有意识到该原则并严格系统地表述它，我们将认知主体排除在努力去理解的自然界之外，而自己退回去扮演一个不属于这个世界的旁观者，这样一来，世界就成了一个客观世界。但这个方法在以下两种情况下变得含混不清。首先，我自己的身体（与我的精

---

1. 米利都学派，希腊最早的唯物主义学派，代表人物为泰勒斯（Thales，公元前624—前547），阿那克西曼德（Anaximander，公元前610—前545）和阿那克西米尼（Anaximenes，公元前550—前475）。认为自然界不是神创造的，而是永恒运动和发展着的物质。——译者注
2. 量子物理学中的测不准关系（不确定原则）指出：当微观粒子的坐标测得愈准，它的动量（速度）就测得愈不准；反之亦然。这一对物理量不能同时测准，因而经典物理学中的那种因果关系不再保持。——译者注

神活动有非常直接且密切的联系）组成了我们通过感觉、知觉、记忆构建的客观世界的一部分。第二，其他人的身体也是客观世界的组成部分。我有充足的理由相信其他人的身体也与意识领域相连，或可能就是意识领域的一部分。虽然我绝对无法接近他人的意识领域，但我毫无理由怀疑它们的存在。因此，我愿意把它们也当做客观事物，当做构成我周围真实世界的一部分。此外，既然我自己和他人没有区别，相反地，在意图和目的上完全对称，我得出结论我自己也是构成我周围物质世界的一部分。我可谓把感觉的自己（把世界构想成为精神产物的自己）放回到这个世界中去了 —— 以上一步步的错误推论造成了逻辑上灾难性的混乱。我们会一个一个地指出其中的错误；但此刻允许我只谈论两个最明显的悖论。这两个悖论是因为我们意识到要想获得比较令人满意的世界图画，须以把自己置于画面之外为代价，使自己退回到扮演一个无关的旁观者。

第一个悖论是发现我们的世界是"无色、冰冷、无声"时的震惊。颜色与声音、冷与热是我们的直接感觉；我们有些惊讶，在摒弃了我们个人意识的世界中它们不复存在。

第二个是我们在寻求意识与物质相互作用的位置时一无所获。众所周知，谢灵顿爵士[1] 在《人与自然》一书中精彩阐述了他对此的诚实的探索。物质世界的构建是以把我们自己，即我们的意识排除在外为代价的；意识不属于物质世界，因此显然无法作用或被作用于它的任何部分（斯宾诺莎对此做了非常简明、清晰的描述，见本章后面的段落）。

---

1. Charles Scott Sherrington（1857 — 1952），英国神经生理学家。由于在研究神经系统功能上的杰出成就，获1932年诺贝尔生理学医学奖。——译者注

　　我希望对以上一些论点做更详细的描述。请允许先引用容格[1]文章中的一段。这段话令我很满意，因为它在不同语境中强调了与我相同的论点，虽然是以严厉申斥的方式。当我继续考虑，为了获得一幅暂时较满意的世界画面而将认知主体排除于客观世界之外所需付出的高额代价时，容格作了进一步论述，指责我们是在无法逃离的困难局面下支付赎金。他说：

　　　　所有的科学都是心灵的活动，我们的一切知识都来源于心灵。心灵是所有宇宙奇迹中最伟大的，它是作为客观事物的世界的必不可少的条件。令人大惑不解的是西方世界（除了极少的例外）似乎毫不感念心灵的作用。来自外界的认知对象倾泻而来，使得认知的主体退回幕后，不复存在[2]。

　　当然，容格非常正确。由于致力于心理学研究，很明显他对这个刚开始的论题远比物理学家或生理学家敏感得多。然而我仍认为，从一个坚守了2000多年的阵地迅速撤退是非常危险的。我们可能会为此失掉一切，而换来的只是在一个特殊领域的某种自由，虽然这个领域非常重要。但问题在此得到了解决。相对较新的心理学迫切要求生存空间，使得对这个初始论题的重新考虑不可避免。这是一个很艰巨的任务，我们无法在此时此地完成，我们只能满足于已把问题指出。

　　我们了解到容格抱怨我们在描绘的世界中摈弃了意识，忽视了心灵，但在此我想援引几个相反的例子，也可能只是对他观点的一种补

1. C. G. Jung，瑞士心理学家及心理治疗学家。——译者注
2. Eranos年鉴（1946），398页。

充。这些引文出自更古老、更谦逊的物理学和生理学的杰出代表。它
们都在陈述一个事实，"科学世界"变得如此客观，以至于没有给意
识和其直接感觉留下任何空间。

一些读者可能还记得A.S. 爱丁顿[1] 关于两个书桌的论述：一个是
一件熟悉的旧家具，他坐在它旁边，胳膊放在上面；另一个是科学中
的物体，它缺少任何感觉成分，但却布满空洞。其中最大的部分是空
旷的空间，是虚空，数不清的一些微粒点缀其间，这些电子和原子核
高速旋转，但它们相隔的距离至少是自身体积的10万倍。在以传神的
虚拟手法将两者对照后，他作了如下总结：

> 在物理世界中，我们看到的是我们所熟悉的生活的投
> 影图。我肘部的影子倚靠在影子桌子上、影子墨水在影子
> 纸张上流淌……。坦率承认物理学与影子世界有关，是近
> 期获得的最重要的进展之一[2]。

请注意最近的研究进展并不在于物理世界本身获得了影子特性；
自从阿布德拉的德谟克里特时代或更早，这个观点就一直存在，只不
过我们没有了解它。我们过去认为研究的是世界本身；用模型或图画
一类说明科学概念的表现手法在19世纪后半段（就我所知不会更早）
才出现。

---

1. Arthur Stanley Eddington（1882 — 1944），英国天文学家、物理学家、哲学家。他的建议、领导
和亲自参加，帮助做出了广义相对论的两项天文学验证。—— 译者注
2.《物理世界的本质》（剑桥大学出版社，1928），引言。

自那以后不久，谢灵顿爵士出版了他重要的著作《人与自然》[1]。这部书充满了对物质和精神相互作用的客观证据的诚实探寻。我强调"诚实"这个词，是因为一个人需要付出非常严肃真诚的努力，去寻找他预先深信无法找到的事物，这种事物之所以无法找到是因为（人们普遍认为）这种事物不存在。在该书357页他简单地总结了探寻的结果：

> 意识，任何知觉可包围的东西，在我们的空间世界中比幽灵更像幽灵。看不到，摸不着，甚至是一种没有轮廓的东西，它不是"实体"。它得不到感官的确认，而且永远无法被确认。

如果用自己的话我会对此这样表达：意识用自身的材料建造了自然哲学家的客观外部世界。但除非使用把自己排除在外的简化方法——从概念的制造中撤出，它将无法完成这个宏大的任务，因此客观世界并不包含它的缔造者。

我无法通过引述来传达谢灵顿这部不朽著作的伟大，只有亲自去读才能体会。但我还是想再引几处书中更具特色的叙述：

> 物理学……使我们面临着一个僵局——意识自己无法演奏钢琴，意识自己无法移动手指。（222页）
> 于是我们碰到了僵局——对意识如何作用于物质一

1.剑桥大学出版社，1940。

无所知。逻辑因果关系的缺乏使我们动摇。这是否是误
解？（232 页）

以下是与 20 世纪实验生理学结论相对应的 17 世纪伟大哲学家斯
宾诺莎的简单陈述（伦理学，第三部，第二点）：

身体无法限定意识思考，意识也无法限定身体去运动、
休息或其他行动（如果有的话）。

这确实是一个僵局。这样的话我们是否不是我们行为的执行者？
但我们仍觉得应对自己的行为负责，并酌情受到惩罚或赞扬。这是一
个可怕的悖论。我认为在当今的科学水平下无法得到解决，当今的科
学完全陷入"排除原则"[1] 的深渊，却对此以及由此产生的悖论一无
所知。意识到这点是可贵的，但并不能解决问题。仿佛你无法通过议
会法案将"排除原则"删去。若要解决这个悖论，科学态度必须重建，
科学面貌必须更新，这需要谨慎。

于是我们必须面对以下这个值得注意的情况。建造我们世界的材
料完全产生于作为意识器官的感官，为此每个人的世界是并且总是他
自己意识的产物，我们无法证明它存在于任何其他地方，但意识本身
在它构建的世界里又是一个陌生者，在这个世界中它没有生存空间，
你也无法在任何地方看到它。但我们并不常常认识到这个事实，因为
我们完全习惯地认为人的个性或者动物的个性，位于身体的内部。当

---

1. 排除原则是指将认知主体排除于客观世界之外的原则。

我们得知无法在体内找到它，我们很惊诧，以至于产生了怀疑和犹豫，我们非常不愿意接受这个事实。我们习惯于认定有意识的个性区域于一个人的头脑 —— 应该说是两眼中间一二英寸（1英寸约为0.0254米）后的地方。根据不同的情况，那里赋予我们理解、喜爱、温柔、怀疑或愤怒的表情。我想眼睛是唯一一个我们没有认识到的具有完全接受特性的感官。相反，我们更愿意认为视线来自眼睛内部，而不是光线来自外界。你会经常发现"视线"—— 一条虚线由眼睛射出并指向物体，另一端的箭头表示方向 —— 出现于幽默画中，或一些较老的用来解释光学仪器或法则的草图中。亲爱的读者，或更准确地说，亲爱的女读者，请回忆当你带给孩子一件新玩具时，他向你传送的明亮愉快的目光，然后让物理学家告诉你，事实上没有任何光来自眼睛。眼睛唯一可被客观探测到的功能是不断被光照射并接受光量子。这是一个奇怪的现实！其间似乎缺少了什么。

我们很难评价以下看法：将性格和意识局限于身体内部只具有象征意义，只是为了实际用途的一种辅助手段。让我们用全部有关的知识来仔细地看一看身体内部的情况。在那里我们会看到非常有趣的繁忙景象，如果你愿意，可以把它当做一台机器。我们发现数以百万计分工专业化的细胞以一种特定的形式排列着，这种排列异常复杂，但它们十分明显地进行着意义深远的技艺高超的相互沟通和合作。我们发现这是一种规则电脉冲的搏动，迅速改变着形态，在神经细胞间传导，成千上万细胞间的联系在瞬间开启和闭合，由此引发了化学变化和许多其他尚未发现的变化。这就是我们见到的一切，随着生理学的发展，可以相信会对它有更多的了解。现在让我们假定在特定情况下，你最终观察到来自大脑的传出脉冲电流，通过长长的细胞突起（运动神经纤维）传导至手臂的某些肌肉。于是为了一次长时间、心碎的分离，手臂不情愿地颤抖着与你道别；同时你会发现脉冲电流束会引起某种腺体分泌，蒙上你悲伤的双眼。但无论生理学发展到多么先进的水平，在这条从眼睛通过中枢神经传至臂膀肌肉和泪腺的路上，在任何地方你都看不到性格特征，看不到可怕的伤痛，看不到心中的担忧，虽然它们的存在你是如此肯定，仿佛是你的亲身体验，而事实上你也确实体会到它们。生理学分析给我们机会了解别人，了解我们最亲密的朋友，这使我清晰地回忆起 E. A. 坡[1] 构思巧妙的故事《红色死亡假面舞会》，我确信许多读者都能清楚地记起这个故事。为了躲避那块土地上蔓延的红色死亡的瘟疫，小王子和他的随从撤退到了一个与世隔绝的城堡中。撤离到那儿后大约一个星期，他们举行了一个盛大的假面舞会，人们都穿着奇装异服戴着面具。其中一个人很高，面部完全由面纱遮盖，他穿着一身红衣，很明显红色暗示瘟疫，他令所有在场的人毛骨悚然，既因为他恣意的装扮，也因为他被怀疑是一个入侵者。最后，一个勇敢的青年走近这个红色面具，猛然挑掉他的面纱和服装，却发现里面空无一物。

我们的头颅里不是空的。尽管在其中发现的东西令人很感兴趣，但与生命和情感相比，真正算不上什么。

认识到这些起初使我很烦乱。但仔细想想这对我更是一种安慰。如果你必须面对非常怀念的已故友人的身体，当你意识到他的品格从

1. Edgar Allan Poe（1809—1849），美国诗人、小说家、批评家。一译爱伦·坡。他的短篇小说大致可分为恐怖小说和推理小说。前者包括《红色死亡假面舞会》等；后者如《莫格街谋杀案》等。—— 译者注

来都不在这个身体中，身体只是象征性地充当实际的参照而已。这难道不令人感到安慰吗？

作为对上面考虑的补充，那些对物理学非常感兴趣的人可能希望我就主观与客观的认识问题发表意见。当前流行的量子物理学说的主要代表N. 玻尔[1]、W. 海森堡[2] 和M. 玻恩[3] 等人赋予了有关主客观的认识问题以突出的地位。以下我首先对他们的观点做一个非常简要的描述[4]：

如果不"接触"它，我们就无法对一个特定的自然界物体（或物理系统）做出客观描述。这种接触是一种真正物理意义上的相互作用。即使我们只是"看着这个物体"，该物体也必须受到光照后，被光线反射到眼睛中或其他观察工具上。当将它完全孤立时，你无法获得对它的了解。这个理论接着说明，这种扰动既不是不相关的，也不可被完全探测。因此尽管经过任意次艰辛的努力，被观察的物体总是有一些特征（最后观察到的）为人所了解，而另一些（最后观察中受扰动的）不为人知，或不能被准确地了解。这种情况可以用来解释为什么没有可能对任何物体做出完整、没有缺失的描述。

我们假设这个观点是正确的 —— 很可能是正确的 —— 那么它与

1. Niels Henrik David Bohr（1885 — 1962），丹麦物理学家，原子结构理论的创立者，哥本哈根学派的首领，1922年获诺贝尔物理学奖。—— 译者注
2. Werner Karl Heisenberg（1901 — 1976），德国理论物理学家，量子力学（矩阵力学）的创建人，1932年诺贝尔物理学奖的获得者。—— 译者注
3. Max Born（1882 — 1970），德国理论物理学家，量子力学的奠基人之一，由于提出了波函数的统计学诠释而获得1954年诺贝尔物理学奖。—— 译者注
4. 见我的《科学和人道主义》（剑桥大学出版社，1951），49页。

自然的可理解性明显对立。但它本身并不是要对自然的可理解性进行非难。我从一开始就告诉过你，我的两个原则不是要成为对科学的约束，它们只是表达了在许多世纪以来物理学中所遵循的原则，以及那些无法被轻易改动的东西。我个人并不觉得我们现在的知识足以为这种改动做出辩护。我认为，可能我们的模型可被修改成在任何时候都不显示那些原则上无法被同时观察到的特性——这种模型缺少同时的特征，但却有对环境变化较强的适应性。这是物理学内部的一个问题，无法在此得到解答。但通过以前理论的阐释及测量装置不可避免且无法测出的对被观测物体的干扰来看，人们已就主客观关系对认识论本质做出了一个非常重要的引人注意的结论。物理学的新发现已经推进到了主观与客观的神秘分界线，并且告诉我们这根本不是一个明显的界限。它使我们明白，对一个物体的观察永远无法不被自己本身的观察行为所修改，它同时也让我们理解，在改进观察方法和对实验结果进行思考之后，主客观间的那种神秘界限已经被破坏。

为了批判这些论点，让我首先接受古老的神圣的关于主客观区别的观点，像许多古代及近代思想家一样。在接受这个观点的哲学家中——从阿布德拉的德谟克里特到柯尼斯堡的老人[1]——几乎没有不强调我们所有的感觉、知觉和观察都有强烈的个人主观色彩，并不能传递康德所称的"物自体"[2]的本质。虽然有些思想家可能会认为人们对"物自体"只是或多或少、或强或弱的歪曲，康德却让我们彻底放弃理解"物自体"：永远不可能对"物自体"有任何了解。因此一

1. 康德出生于东普鲁士的柯尼斯堡（第二次世界大战后归属苏联，改名加里宁格勒）。——译者注
2. 康德认为人们所得到的具有普遍性与必然性的知识是纯主观的，丝毫不反映作为客体的物自体。——译者注

切现象具有主观性的观点由来已久，为大家熟知。但它现在又增添了一些新的内容：我们从环境中得到的印象很大程度上取决于我们感官的性质和即时的活动状态，但反过来，正是这个我们希望了解的环境，被我们，特别是被我们制作出用来观察它的装备所修改。

　　情况可能如此 —— 在某种程度上它确实如此。根据新发现的量子物理学法则，这种改变无法被减至低于某些特定的界限。但我还是不愿称其为主体对客体的直接影响。主体，如果是事物的话，也是那些进行思考和感觉的事物。我们从谢灵顿和斯宾诺莎那里得知感觉和思考不属于"能量世界"，它们无法使能量世界产生任何变化。

　　所有这些都来自我们所接受的古老的神圣的关于主体与客体区别的观点。虽然在日常生活中，"为了实际参照"我们必须接受它，但我认为我们应在哲学思想中抛弃它。康德揭示出了它的缜密的逻辑关系：我们对崇高但却空洞的"物自体"概念永远一无所知。

　　正是同样的元素组成了我的意识和我的世界。对任何他人的意识及其世界而言，情况也是如此，尽管它们之间有不可思议的大量的"相互参照"。我只被赋予了一个世界，而不是存在和感知分开的两个世界。主体和客体是同一个世界。它们间的屏障并没有因物理学近来的实验发现而坍塌，因为这个屏障实际根本不存在。

第 11 章
算术悖论：意识的单一性

为什么在我们描绘的科学世界的图画中任何部分都找不到感觉、知觉和思考的自我？原因可简单用一句话来表示：因为它就是那幅画面本身。它与整个画面相同，因此无法作为部分被包括进去。当然，这里我们碰到了算术悖论；看似有很多有意识的自我，但世界却只有一个。这是因为世界这个概念产生了它自己。若干个"个人"意识的领域有部分重叠，其中重叠区构成了"我们周围真实的世界"。但我们仍会产生一种不安的感觉并提出这样的问题：我的世界真的和你的相同吗？是否有一个真实世界不同于我们中的任何一个人通过感知内向投射获得的画面？如果是这样，每个人对真实世界的感知是否一致？或者也许这个真实世界本身与我们感知到的世界大相径庭？

这些问题确实有独创性，但在我看来，它们很容易让人对论题产生迷惑。它们没有合适的答案，且都会导致或本身就是二律相悖，而这些悖论的来源都是一个，即我称之为的算术悖论；这个唯一世界是由许多有意识自我的精神体验共同制造出来的。我想这个数字悖论的解决可使前面所有这类问题迎刃而解，并可以揭示出它们的虚假性。

有两种办法可以解决这个数字悖论，但以现在的科学观点（它是以古希腊的思想为基础，因此是完全"西方式的"）来看，它们都显得很疯狂。一个办法是莱布尼茨[1]令人生畏的单子学说中世界的多重化：每一个单子本身就是一个世界，彼此之间没有联系；这些单子"没有窗户"，被"单独监禁"。但它们彼此间的契合是一种所谓的"预先建立的和谐"。我想几乎没有人会对这种观点感兴趣，也不会认为它会丝毫缓解这种数字上的矛盾。

那么只有另一种选择了，即所有意识或知觉的统一。它们的多重性只是表面现象，实质上只有一种意识。这就是《奥义书》中的学说。这种观点不仅限于《奥义书》，除非存在强大的预先的反对意见，与神合一的神秘经历通常体现的就是这种看法；这意味着它在西方不如像在东方一样容易被接受。在此让我引述《奥义书》以外的一个例子，13世纪的伊斯兰波斯神话，阿齐·纳萨非。以下内容我摘自弗里茨·迈耶（Fritz Meyer）的文章[2]并将其从德译稿中翻译了过来：

> 在任何生物死后，灵魂回到灵魂世界，身体回到身体世界。但在其中只有身体发生了变化。灵魂世界只是由唯一的灵魂构成，它就像身体世界后的一盏灯，当任何一个生物形成时，它的光芒就仿佛透射过一扇窗户一样穿过其身体。光进入世界的多少取决于窗户的大小和种类，但光自身未发生任何变化。

---

1. Gottfried Wilhelm von Leibniz（1646—1716），德国哲学家、唯理论者，杰出的数学家，数理逻辑的创始人。莱布尼茨的哲学思想，是一种客观唯心主义，通常称为"单子论"。他主张构成万物最后单元的实体不应具有广延或量的规定性，而应具有各自不同的质，并应具有"力"作为推动自身变化发展的内在原则，这样的与灵魂类似的某种实体称之为"单子"。——译者注
2. Eranos年鉴，1946年。

10年前，A. 赫胥黎[1]出版了一卷珍贵的著作，他称之为《永恒的哲学》[2]，这是一部收录的时代和民族最多的神话总集。随意翻开它，你就会发现同一类优美的表达竟有许多。你会惊诧于不同种族不同宗教的人们那种不可思议的一致，虽然他们相隔几个世纪甚至千年，生活在我们地球上距离最远的地方，彼此根本不知对方的存在。

但必须说，这个学说对西方思想几乎没有什么吸引力，它被认为索然无味，并被指责为荒谬和非科学。我们的科学 —— 希腊科学 —— 是以客观性为基础的，它切断了对认知主体、对精神活动的恰当理解之通路。我认为这正是我们现有思维方式所欠缺的，或许我们可从东方思想那里输一点"血"。但这决不是那么简单，我们必须谨慎提防其中的谬误 —— 输血总需要非常小心地防止血浆凝结。我们不希望失去我们科学思想已达到的逻辑上的精确，那是任何时代任何地方都无法比拟的。

但仍有一点利于神秘的意识同一学说，即所有意识之间以及它们和最高意识的一致性 —— 它正与莱布尼茨令人生畏的单子学说相反。同一学说可以声称它的论点是以实际经验为根据的，也就是基于意识从未多数而总是单数出现这一事实。不仅我们中的任何人没有经历过超过一种意识的出现，同时也没有任何相关证据表明这种情况在世界任何地方出现过。如果我说在同一头脑中不可能有超过一种意识，这似乎是无谓的重复 —— 因为我们根本想象不出相反的情况。

---

1. Aldous Huxley（1894—1963），英国小说家、诗人及散文家，生物学家J.S.Huxley之弟。——译者注
2. Chatto and Windus出版社，1946年。

但在一些事例或场合中，我们会期待甚至需要这种无法想象的事情的发生，若它真可能发生的话。我愿对这一点进行仔细讨论，并将通过引述查尔斯·谢灵顿爵士的发现来加强我的论点。除了拥有爵士头衔外，谢灵顿还是一名有极高天赋的冷静理智的科学家（这是非常少见的）。就我所知，他对《奥义书》中的哲学没有任何偏见。我作此讨论的目的是试图为同一学说与科学世界观的未来融合扫清障碍，使其不必以损失理智和逻辑的精确为代价。

我刚才提到，我们甚至无法想象在一副头脑中有多重意识。我们可以说一些这样的话，但它们并不是对任何可想象经验的认真描述。即便病理学上人格分裂病例中两种人格的交替也不会在同时出现；这种病情的一个典型特征是两种人格彼此互不了解。

在像木偶戏一样的梦中，我们手中的绳子牵动着许多演员，控制着他们的言行，但我们并没有意识到在这么做。他们中只有一个是我们自己——做梦人。通过他，我表演和迅速地对接台词，同时我可能在焦急地等待他人的回答，无论他是否能满足我急迫的要求。但实际上我不能让他的言行遵照我的意愿——事实上不可能这样。因为在这种梦中，我想，这"另一个人"大多是现实生活中我无法控制的对我构成严重阻碍的化身。这里描述的奇怪现象显然解释了为什么大多数老人坚信他们与梦中见到过的人有过真正的交流，无论这些人是生是死，是神还是英雄。这是一个难以消除的迷信。公元前6世纪末爱非斯的赫拉克里特[1]明确宣布反对这个迷信看法，他清楚地阐明了他

<hr>

1. Heraclitus（约公元前570—前470），希腊哲学家，生于小亚细亚的Ephesus，是爱非斯学派的主要代表，认为世界万物都是符合规律地燃烧和熄灭的火。列宁称他为辩证法的奠基人。——译者注

的观点，在他有时非常晦涩的论断中，如此清晰的论证并不多见。而留克利希阿斯[1]虽然自认为是文明思想的倡导者，在公元前1世纪却仍坚持这个迷信观点。这个迷信思想在今天可能很少见，但我仍怀疑它是否已彻底被根除。

　　下面将转向一个十分不同的话题。我完全无法想象头脑中的意识（我觉得这意识是唯一的）如何由我身体所有（或部分）细胞的意识整合而成，或在生命中的每一刻它是如何由它们合成的。人们可能会认为既然每个人都是这样一个"细胞联合体"——如果确实可以的话——意识也应一样表现出它的多重性。"联合体"或"细胞国"的表达如今已不再被当做比喻了。请看谢灵顿的观点：

> 对"构成我们身体的每一个细胞都是一个以自我为中心的个体生命"的宣言绝不只是一句话而已，也并不只是为了描述的方便。细胞作为身体的组成部分，不仅是我们看得到的可分隔的个体，而且是以自己为中心的个体生命。它按自己的方式生活……每个细胞都是单个生命，因此我们的生命完全是由细胞生命组成的统一体。[2]

　　上面的话题可以更详细、更具体地继续讨论下去。大脑病理学和生理学对感觉的研究都明确地赞同将感觉器官划分成各自独立的领域。这种影响深远的区域独立性令人惊异，它会让我们期望找到这些

---

1. Lucretius Carus（公元前99—前55），罗马哲学家及诗人，他发展了德谟克里特和伊壁鸠鲁的原子学说和无神论思想，著有《物性论》。——译者注
2.《人和自然》第一版（1940），73页。

区域和思维领域的某种联系，但实际上这种联系并不存在。下面是一个非常典型的例子。在观察远处景物时，如果你先像通常一样用双眼看，然后闭上左眼只用右眼，再闭上右眼只用左眼，你不会发现有明显差别。这三种情况下心理上的视觉空间是完全相同的。原因很可能是刺激从视网膜上的神经末梢传到了大脑的同一中心，而感觉正是产生于大脑的这部分。这正像按我家大门或妻子卧室门上的按钮，与这两个按钮相连的厨房铃都会响一样。这是最简单的解释，但却是错的。

谢灵顿告诉了我们一个非常有趣的闪烁阈值频率的实验。我将对此做一个尽可能简短的描述。设想在实验室中建立一座小型灯塔，每秒闪烁很多次，例如40、60、80或100次。当频率增加到某一固定次数时，闪烁就会消失，这个次数取决于具体实验情况；这时一个观察者如用肉眼观察，看到的则是连续光[1]。假定我们把闪烁的阈值频率定为每秒60次，做第二个实验，用一种装置使得右眼只能看到第二次闪烁，左眼只能看到第一次，其他一切条件都不变，这样每只眼睛每秒只能看到30次闪烁。如果这些视觉刺激传到同一生理中心的话，那么实验结果应和第一个实验相同。如果我每2秒按一次大门上的按钮，妻子以同样的频率按卧室门上的钮，但和我交替进行，那么厨房的铃每秒就会响一次，就像我们中任何一人每秒按一次键，或我俩每秒同时按键一样。但在第二个闪烁实验中情况却不是这样。右眼看到的30次闪烁加上左眼看到的另外30次闪烁，远远无法消除闪烁的感觉；除非把闪烁频率提高一倍，也就是说，如果双眼同时看，右眼需看到60次，左眼也需看到60次，闪烁感才会消除。以下是谢灵顿自己的总结：

---

1. 电影中就是用这个方法获得连续图像的。

不是大脑机制中的空间连接将两个观察结果合
并……更像是左右眼的图像被两个观察者分别看到，然
后这两名观察者的意识合二为一。仿佛左右眼的视觉单独
加工接收到的信息后，在心理上合成为单一感觉……就
像每一只眼都有单独的独特的感觉中枢，以一只眼为基础
的精神活动已发展到完全的感知水平。这在生理上会形成
一个视觉次大脑。有两个这样的次大脑：一个左眼的，一
个右眼的。同时作用而不是结构上联合提供了他们思维上
的协作。[1]

接下来的是他综合的思考，我从中挑选最有特点的段落摘录如下：

那么与不同感觉相连的看似独立的次大脑是否存在？
在大脑顶部，我们还是可以清楚看到"五"种感官，它们
在自己的领地中各自为政，而不是彼此不可分地合并为一
体，以及在更高机制下的进一步融合。意识在多大程度上
是准独立的感觉意识的合成——它们的大范围心理整合
决定于同时出现的经历……当涉及"意识"问题时，神
经系统并不会整合在一个具有主教地位的细胞周围。相
反，它作用于上百万的民主单元，其中每个单元都是一个
细胞……由更小生命单元合成的具体生命虽然是一个整
体，但却反映出了它的合成特性，同时也显示出了自身
是许多小生命共同作用的产物……但当我们转而看意识

1.《人和自然》第一版（1940），273—275 页。

> 时，它不具有任何上述的特性。单个神经细胞绝不是微型
> 大脑，身体的细胞结构并不需要任何它的来自"意识"的
> 指令……单独一个具有主导地位的脑细胞，无法比大脑
> 顶部大量的延伸成片的细胞群，更能保证意识反应具有更
> 加统一的非原子的特征。物质和能量在结构上由微粒组成，
> 生命也是一样，但意识却不同。

这里引述的是给我留下最深刻印象的段落。我们看到谢灵顿凭借他对我们身体出色的了解努力去解开这个悖论，以他的坦率和十足理性的诚挚，没有试图隐藏或搪塞这个问题（像许多人可能会做，甚至已做的那样），而是将它毫不留情地公之于众。他清楚地知道，这是向科学或哲学问题的解决靠近的唯一办法，用"动听"的言语去掩盖，只能阻碍进步，使这个矛盾继续长久存在（虽然这个矛盾不会永远存在，但它的解决要等到有人注意到这种欺骗）。谢灵顿提出的悖论也是一个算术悖论，一个关于数字的悖论。它和我前面提到的悖论有很多相似之处，但又绝不相同。前一个简单地说是许多意识具体合成"一个"世界。而谢灵顿的悖论是，单一意识的形成看似以许多生命细胞或很多次大脑为基础，每一个次大脑都很独特，以至于我们不得不将它与次意识联系起来。但我们知道次意识和多重意识一样是凶残的怪物，既在任何人的经验中找不到它们的对应，也根本无法想象出来。

通过西方科学精神和东方同一学说的融合，我认为这两个悖论将来会得到解决（但我不佯称目前在这里就解决）。我应该说意识的总数只为一。意识本身是具有单一性的。我大胆地认为它不可摧毁是因为它有一个特殊的时间表，即意识总是处于"现在"。对意识来说没

有曾经和将来，只有包括记忆和期望在内的现在。我承认我们的语言远无法表达清楚这一点，我也承认我现在谈的是宗教而非科学，但这是并不违反科学的宗教，相反，它为客观公正的科学研究成果所支持。

谢灵顿说："人类的意识是我们星球新近的产品。"[1]

对此我自然同意。如果省略了第一个词"人类"，那么我不会同意。我们在第1章已谈到过这个问题。下面的考虑即使不能说荒谬，也显得有些怪异：独自反映世界事物的沉思的意识只在和一个特殊的生物学设置相联系时才临时出现，而这个设置本身十分明显地在执行某种任务，以推进一定的生命形式，维持它们的存在，并支持它们的生存和繁殖。这些生命形式是后来者，它们之前有许多生命不通过这个特殊装置（大脑）来维持自身的存在。它们其中只有一小部分（如果按物种的数量来计算）已开始"拥有一个大脑"。在拥有大脑之前，是否做的一切应是清空其内存呢？那么我们可否把无人考虑过的这个世界称为世界呢？当一名考古学家重建一座城市或一久远的文化时，他感兴趣的是那个时代，那个地方人们的生活、行为、感情、思想、喜悦和痛苦。但对于一个已存在了上百万年但没有人意识到、深思过的世界，难道这不等于什么都不是吗？它真的存在吗？我们不要忘了：世界的式样反映在有知觉的意识中的说法只是一些早就熟悉的陈词、短语或比喻罢了。世界只出现过一次，没有任何东西被反映。原始的和镜中的形象是等同的。时空延伸的世界只是我们的表象。正像贝克莱[2]充分意识到的那样，经验无法给我们除它本身外事物存在的任何线索。

1.《人和自然》第一版（1940），218页。
2. George Berkeley（1685—1753），英国著名的唯心主义哲学家，基督教主教。——译者注

然而，虚构的传奇般存在了几百万年的世界非常偶然地制造出了大脑，而大脑却把这个世界看做一个几乎悲剧性的延续。我将再引用谢灵顿的话对此做出描述：

> 我们得知能量世界正在耗尽。它正不幸地朝着最终的平衡状态发展。在这种平衡状态下没有任何生命可以存活。然而生命的进化没有中断。我们的星球演化出了生命，且继续着这种演化。意识也随着生命的演化而发展。如果意识不是一能量系统，那么它怎么会受能量世界衰退的影响呢？它是否可以安然无恙地度过这场劫难？据我们目前的了解，有限的意识活动附属于能量系统。当能量系统停止时，随它一块儿运动的意识将会如何呢？那么无论过去还是现在，一直苦心营造意识的能量世界会让它消失吗？[1]

这些考虑会令人感到某种不安。令我们困惑的是意识扮演的双重角色。一方面它是舞台，上演世界中所有剧目的唯一舞台，或是包含整个世界的容器，容器外不再有任何物质；另一方面，我们获得一种印象，或许是靠不住的印象，在这个匆忙的世界中，意识和某一非常特殊的器官（大脑）密切相连。虽然大脑是动植物生理学中最有意思的研究对象，但却不是独一无二的；像许多其他东西一样，它们毕竟只是在为维持主人生命而服务，这种对主人的服从与感念缘于物种通过自然选择而形成的过程中，它们曾被精心地制作出来。

1.《人和自然》第一版（1940），232页。

　　有时一名画家或一名诗人在他们的作品中会勾画出一位不经伪装的次要人物 —— 他们自己。因此我认为史诗《奥德赛》[1] 的作者把诗中盲人歌手当做了自己。歌手在费阿刻斯人[2] 的大厅中吟唱着有关特洛伊战争的歌曲，使这名受到重创的英雄潜然泪下。同样在歌曲尼伯龙根之歌[3] 中，当他们穿越奥地利国土时，一位诗人出现了，他被推测是整个史诗的作者。在丢勒那幅《万圣图》[4] 中，两圈儿信徒围拢着高高在上的三位一体的上帝做祷告，一圈是天堂中的众神，另一圈是地球上的人类。国王、皇帝、教皇们都在后一圈中。但如果我没有弄错的话，在画中作为一位次要的卑微人物的艺术家自己倒不如不出现的好。

　　我认为这似乎是对令人迷惑不解的意识的双重角色最恰当的比喻。一方面意识是创作了整个艺术作品的艺术家；但在完成的作品中，他只是一个不重要的附属品，整个艺术效果不会因缺少他而受到影响。

　　抛开这些比喻，我不得不宣布我们在这里面对着一个典型的悖论。它的出现是因为我们仍无法不诉诸意识这个世界画面的创作者，而成功地对世界形成一个可令人理解的，但没有包含意识在内的看法。毕竟，把意识强加其中势必会产生一些悖论。

---

1. 古希腊史诗，相传为荷马所作，描写希腊英雄奥德修斯10年流浪生活及最后还乡之事。—— 译者注
2. 荷马史诗《奥德赛》中居住在Scheria岛的一个民族，以航海为生。—— 译者注
3. Nibeluings，德国著名的民间史诗。—— 译者注
4. Durer（1471—1528）德国文艺复兴时代画家、版画家。生于纽伦堡。丢勒的油画作品也以精于写实和气魄宏伟见称。祭坛画《礼拜三位一体》（又名《万圣图》，1511），以众多人物和辽阔场面引人注目。画幅底部为山水风景；中段表示教皇和众信徒；上段中央则为十字架上的基督及上帝、圣灵（三位一体），两旁为圣母和诸圣徒。—— 译者注

前面我曾说过，出于同样的原因，物理世界的画面也缺少构成认知主体的所有感官特征。它是无色、无声、触摸不到的。以同样的方式、同样的原因，科学世界缺少或被剥夺了任何只有与有意识思索、感知的主体相联系才会有意义的一切。我首先指的是那些伦理学和美学的价值观，任何在此范畴、内容与此有关的价值观。科学世界中不仅缺少这些，而且从纯粹科学的观点来看，它无法被有机地插入。如果有人试图加进这些，就像一个孩子在自己没有颜色的图画拷贝上涂上颜色一样不匹配。因为任何被强加到这个世界中的观念，总以关于事实的科学论断的面貌出现；但它们和上面一样是错误的。

生命本身是宝贵的。"尊重生命"是 A. 施崴哲[1]制定的基本道德戒律。自然对生命毫不尊重，仿佛它是世界上最没有价值的东西。它数以百万计地被制造出来，很大程度上是因为它们经常被迅速消灭或成为其他生命捕食的猎物。这恰恰是造物主不断制作新生命形式的原因。施崴哲认为"你不应受到折磨，不应忍受痛苦"。但自然却不知这个戒律，它的物种在无休止的争斗中互相折磨。

"事物无良莠，只是思考使然"，没有任何自然现象本身有优劣或美丑之分。价值观正在消失，特别是意义和结果也在消失，因此大自然不是据目的行事。如果德文中我们说生物体对环境的"目的性"适应，那么我们知道这只不过是为了措辞的方便。如果对此只作字面理解那就错了。错在我们自己勾画的世界框架中。因为那里只有因果关系。

---

1. Albert Schweitzer（1875 — 1965），生于 Alsace，牧师、哲学家、医师及音乐理论家，获 1952 年诺贝尔和平奖。——译者注

最痛苦的是我们的一切科学研究对世界整个这幕剧的意义和范畴的绝对缄默。我们看得越认真，它就显得越没有目标、越愚蠢。显然，正在进行的表演之所以有意义仅与思考它的意识相关。但科学告诉我们，这种联系明显很荒谬，仿佛意识只是由它正在观看的表演生产出来的。当太阳最终冷却，地球变成了冰雪荒漠时，演出将随意识一块儿消失。

允许我在这一章的标题下简单提一下著名的科学无神论。科学不得不反复受到这样的指责，虽然这种指责很不公平。事实上，任何个人的上帝都不能构造出部分的世界模型，并且这个模型之可以被接受，是以排除任何个人的东西为代价的。我们知道，当上帝被人们惊艳到时，就像直接的感觉一样真实。但和感觉一样，他一定不在时空中。诚实的自然主义者会这样告诉你 —— 我没有在时空中任何地方发现上帝。他会因此受到上帝的指责，因为圣经中写到：上帝是圣灵。

第 12 章
科学与宗教

　　科学能否解答宗教的一些问题呢？科学研究的成果可否被用来帮助我们解决那些一度困扰过我们每个人的有争议的问题，从而形成一个合理的、令人满意的看法呢？我们中的一些人长期以来，特别是在健康快乐的青年时代，一直将这些问题搁置；另一些人进入暮年后因满足于没有答案而放弃了寻找；然而还有些人一生都因它们的玄奥难解而困惑，并受长期流传的迷信思想带来的恐惧的困扰而无法释怀。我这里讲的主要是涉及"另一个世界""生与死"以及与此相关的所有问题。请注意我并不是试图解答这些问题，而是对一个简单得多的问题做出回答，即科学是否能为解决这些问题提供一些线索，或有助于我们对此的思考？——对我们中的许多人来讲，这种思考是不可避免的。

　　科学可以用一种非常古老的方式，而且已经不费力地做到了这一点。我记得看过一些旧时的出版物和世界地图，有地狱、炼狱和天堂，前者深入地下，而后者高高在空中。这种表现手法并不是一种纯粹的寓言方式，它与后来丢勒著名的《万圣图》有所不同；它们只是表明了一个当时广泛流传的原始信仰。而今没有任何教堂要求必须忠实地用这种唯物主义的方式来阐释其教义，当然它们也不坚决反对这种做法。这种进步是因为对我们赖以生存的星球内部（虽然知道甚少），对火山的性质，对大气的组成，对太阳系的历史，对宇宙和银河系结构等，我们已有了更深入的了解。任何有知识的人即使相信这些虚构宗教事物的存在，也不会指望在这个宇宙的研究可及的任何地方找到它们，更不用说在研究无法达到的领域。但是他会赋予它们以精神地位。我并不是说对那些笃信宗教的人的启蒙必须要等到上述科学事实发现之后，但这些科学发现确实帮人们扫除了对这些事物的迷信。

但这只是一个相当原始的看法。还有一些更令人感兴趣的观点。"我们究竟是谁？""我们从哪儿来，到哪儿去？"我认为科学在解决这些令人迷惑的问题（或至少使我们的思想不再受此困扰）时，它提供的最突出的帮助是时间被逐渐理念化。谈到这一点时，有3个人的名字必然会马上出现在脑海中，他们是柏拉图[1]、康德和爱因斯坦。虽然有时也会想起许多其他人物，包括那些非科学家，像希波的A. 奥古斯丁[2]和包伊夏斯[3]。

柏拉图和康德都不是科学家，但他们对哲学问题的迷恋，以及对世界的浓厚兴趣都源于科学。就柏拉图而言是来自数学和（"和"在今天已无需使用了，但在他那个时代却不应省略）几何学。那么是什么赋予了柏拉图一生的工作和难以超越的显赫声望，即使在2000多

---

1. Plato（公元前427 — 前347），古希腊著名哲学家，提出理念论。认为现实的可感知的世界不是真实的，在它以外存在一个永恒不变的真实的理念世界。理念世界是个别事物的范型，个别事物是完善的理念世界的不完善的影子或摹本。以个别事物为对象的感觉不可能是真正的知识之源，而真知是不朽灵魂对理念的回忆。—— 译者注
2. A.Augustine（354 — 430），希波（今阿尔及利亚安纳巴）的主教。欧洲中世纪哲学家和神学家，新柏拉图主义者，基督教教父哲学的完成者。—— 译者注
3. A.M.S.Boethius（480 — 524）欧洲中世纪哲学家和政治家，在狱中写成以柏拉图思想为立论根据的《哲学的慰藉》。—— 译者注

年后的今天，它的光芒依然没有丝毫减损？我们知道，没有任何有关数字或几何图形的发现归功于他。他对物理学中的物质世界和生命的看法有时是怪诞的，总的来说不如某些早他一个多世纪的圣贤（从泰勒斯[1]到德谟克里特）；而对自然的了解，他也远不及他的学生亚里斯多德和西奥弗拉斯塔（Theophras-tus）。除了他的忠实崇拜者，其他所有人都认为他冗长的谈话是无缘由地在文字上诡辩，似乎他并不希望定义一个词的意思，而是相信如果用足够长的时间反复提及，这个词的意思会不言自明。他曾试图在实践中推行社会和政治的乌托邦思想，那不仅没有成功而且还使他陷入了非常危险的境地。即使在今天也很少有人推崇他的乌托邦思想，而这为数不多的人跟他一样，也有着同样惨痛的经历。那么究竟是什么使他获得如此高的声望呢？

我认为原因是，他是第一个设想永恒存在的理念并反理性地把它作为现实加以强调的人，他认为这种理念的真实性远远超越了我们的实践经验，而我们所有的现实经验都来自永恒存在的理念世界，经验只是理念世界的影子。这里我所谈的是形式（或理念）的理论。但它是如何诞生的呢？毋庸置疑，这是因为柏拉图受到了巴门尼德和爱利亚哲学思想[2]的启发。柏拉图明显秉承了该思想，并使其更有活力和影响力。就像他曾生动地比喻通过推理而学习的本质是，回忆生来就有的潜在的理念知识，而不是发现全新的真理。但是，在柏拉图脑海中巴门尼德那永恒不变、无处不在、始终如一的"一"演变成了

---

1. Thales（约公元前636—约前546），希腊哲学家，最早的唯物主义学派——米利都学派的创始人，认为水是宇宙本原的物质。——译者注
2. Parmenides，古希腊哲学爱利亚学派的创始人，鼎盛年约在公元前504年。爱利亚学派认为感性世界变动不居的现象为虚幻假象，唯一真实的东西是存在。巴门尼德首先提出"思想与存在是同一的"命题。——译者注

更有力的思想，即理念论。这个理论引发了想象力，但它仍然具有神秘性。这个理论的形成源自非常真实的体验，像他以前的毕达哥拉斯和后来的许多人一样，柏拉图崇拜并敬畏数字和几何图形带来的启示。他认识到这些发现的本质并被其所吸引。这些数字和图形以纯粹的逻辑推理阐释自己，使人们熟悉了其间的真正关系。其间包含的真理不仅无懈可击，而且永恒不变，完全经得起我们推敲。数学原理不因时间推移而变化，它并不是当人们发现时才产生。但它的发现确实是一个重大事件，由此带来的兴奋之情就如同我们从仙女那里得到了一件珍贵的礼物。举几个例子：三角形 ABC 的三条高在 O 点相交（图1。高是指从一个角到对边或其延长线的垂线）。我们起初看不出为什么它们会相交于一点。任意其他三条非垂线（它们通常会构成一个三角形）为什么不行？现在通过每个角做对边的平行线构成一个更大的三角形 $A'B'C'$（图2），那么组成它的是四个全等的三角形。三角形 ABC 的三条高在这个大三角形 $A'B'C'$ 中是三条边的中垂线，即它们的对称线。C 点作的垂线一定包含了所有到 A'、B' 等距离的点；B 点作的垂线必定包含了所有到 A'、C' 等距离的点。因此这两条垂线的交点到

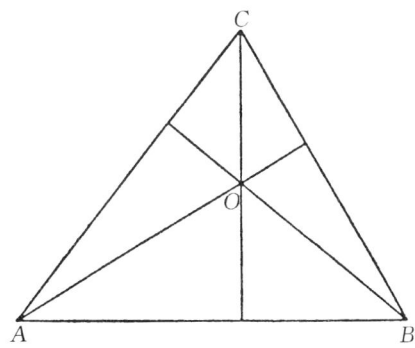

图1

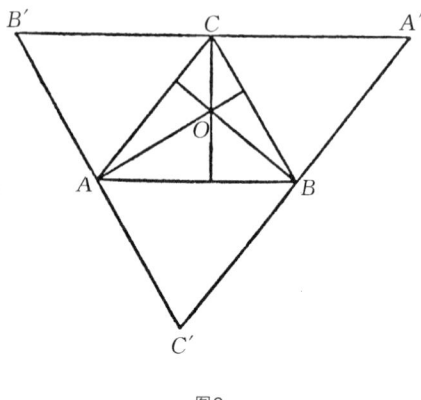

图2

$A'B'C'$ 三个顶点距离相等，它也一定在由 A 点引的垂线上，因为这条垂线包含了所有到 B'、C' 等距离的点。证毕。

除了1和2，每一个整数都是两个质数的"中间数"或其算术平均值；例如：

$$8 = \frac{1}{2}(5+11) = \frac{1}{2}(3+13),$$

$$17 = \frac{1}{2}(3+31) = \frac{1}{2}(29+5) = \frac{1}{2}(23+11),$$

$$20 = \frac{1}{2}(11+29) = \frac{1}{2}(3+37)。$$

正如你们看到的，以上等式通常不止有一个解。这个定理被称做哥德巴赫猜想，虽然没有被证明，但我们认为它是正确的。

将连续的奇数从1开始相加，$1, 1+3 = 4, 1+3+5 = 9, 1+3+5$

+ 7 = 16 等，你总可以得到一个平方数，事实上你这样相加下去，得到的总是你加数个数的平方。为证明这个关系式的普遍性，我们可以把与中位数等距离的每组被加数（第一个与最后一个，第二个与倒数第二个）之和换成其算术平均值之和，这个算术平均值显然等于加数的个数；于是上面最后一例就成为：

$$4+4+4+4 = 4 \times 4 \text{。}$$

现在我们再来谈康德。他的时空理念化的观点已不再新鲜，即使这不是他学说的最基本部分，也是基础之一。正如他的大多数观点一样，这既无法被证实也无法被证伪，但人们并没有因此失掉对它的兴趣。（相反它激发了人们的兴趣，如果已被证明了是真或是伪，它将变得无足轻重。）康德认为空间的广延和事物发生的"先后"顺序不是我们所观察到的世界的特性，而是感性意识的先天形式。人类的感知只是不自觉地以时空为两个目录把碰到的一切事件记录下来。这并不意味着思维可以独立于经验来理解这个秩序体系，它只是当事件来到时，不自觉地发展了这个秩序体系，并将其运用到经验中来。特别指出，这个事实并不能证实或表明时空是包含在"物自体"中的一个秩序体系，不像一些人认为的那样，一切经验来自"物自体"。

不难举一个例子证明以上的陈述。没有任何人可以区分认知和引起感知的事物，因为无论他得到的关于事物的知识多么详细，事物只出现一次而不是两次。成对出现不过是一种比喻而已，只会出现在与其他人类甚至与动物的交流中，他们在同样情况下的感知似乎与我们的非常相似，除了观点——字面意义上的"思维投射点"——的细微差别。如果像多数人一样，假设这种体验迫使我们不得不把客观存在的世界作为我们感知的来源，那么地球上的我们究竟如何才能知道，我们体验中的共性不是由于我们思维构造决定的，而是取决于客观事物所共有的特点？显然，我们的感知构成了我们所有关于事物的知识。这个客观世界无论显得多么自然，只是一个假设而已。如果我们真的接受了它，那么，将我们感知在其中发现的一切特征，归因于这个外部世界而不是我们自身，是否是最不自然的事？

但是，康德论断的重要意义不在于在"思维创造世界"的过程中公正地分配了思维及其对象——世界——的角色，因为正像我指出的那样，很难将二者区分开来。它的伟大之处是关于单一的思维或世界可以以其他形式出现的论点，这种形式我们无法掌握，也无法引入时空的概念。这使我们从根深蒂固的偏见中解脱出来：除了时空形式，事物还有其他秩序。我认为是叔本华首先从康德的论著中读出了这层含义。这种解脱既为宗教信仰拓开了道路，同时也不必始终反对现实的经验和朴素的思想明白无误告诉我们的结论。例如——我们现在谈到的是一个具有极重大意义的例子——目前的经验使我们不得不相信经验随着身体毁灭而不复存在，它和我们的生命不可分离。那么此生后是否不再有来生？回答是没有。这个结论不是因我们所知的经验必定存在于时空中，而是因为在时间不起任何作用的顺序中，"后来"这个概念没有意义。单纯思考当然不能保证我们获得脱离时空存在的事物的证据，但可以扫除那些认为它不可能存在的障碍。在我看来，这就是康德所作分析的重要哲学意义。

现在我就同一话题来谈一谈爱因斯坦的贡献。康德对科学的态度

非常朴素，如果你看过他的著作《科学的形而上学基础》，就会同意
我的观点。他把那个时代（1724—1804）物理学的发展当做了最终
阶段，并忙于用哲学的观点来对其进行解释。在一位伟大天才身上发
生了这样的事，这对后来的哲学家应是一种警示。康德清楚地阐明空
间必定是无限的，而且坚信欧几里得总结的几何学特征规定了空间性
质，而空间又是人类感性的先天形式。在这个欧几里得的空间中，物
质像一个软体动物似的运动着，并随着时间的流逝，改变着自身的形
状。就像与他同时代的任何物理学家一样，对康德来讲，空间和时间
是两个截然不同的概念，所以他没有任何疑虑地称前者为外感官形式，
而时间为内感官形式。但是，承认欧几里得的无限空间不是了解我们
经验世界的必由之路，把空间和时间看做四维统一体则是更好的方式。
这似乎破坏了康德的理论基础，但事实上，并未损害他哲学中有价值
的那部分。

    四维空间理论是由爱因斯坦（和其他几个人，例如洛仑兹[1]、庞
加莱[2]、闵可夫斯基[3]）确立的。他们的发现对哲学家、街头的普通人、
居家的主妇的巨大影响在于他们令世人知道了这个理论的存在，即使
在我们经验范畴内，时空关系也远比康德想象的复杂得多，比以前的
物理学家，甚至街边行人、家庭主妇所想象的复杂得多。

    这个新观点对以前的时间概念产生了最重要的影响。时间一直被

1. Hendrik Antoon Lorentz（1853—1928），荷兰物理学家，发现了长度收缩的变换公式，即在运动
方向上，长度收缩一个确定的因子。和塞曼共同获得1902年的诺贝尔物理学奖。——译者注
2. Jule-Henri Poincare（1854—1912），法国数学家、物理学家和天文学家，对相对论的建立有重
要贡献。——译者注
3. Minkowski，20世纪初期德国数学家，对相对论数学形式的建立有重要贡献。——译者注

认为是一个"前和后"的概念。而新的看法主要是从以下两点发展而来的。

（1）"前和后"的概念主要基于"因果"关系。我们知道或至少已形成了如下看法：如果事件 A 可以引发另一事件 B，或可以改变事件 B，那么，若 A 不发生，则 B 也不发生，或不会产生形式上的改变。例如，当一个炮弹爆炸，坐在上面的人会被炸死，远处还会听到爆炸声。人被炸死可能和炮弹爆炸同时发生，但远处听到的爆炸声会稍晚一些；但这些结果都无法产生于炮弹爆炸之前。这是一个基本观点。实际上，日常生活中我们也借此来判定两个事件中哪一个后发生或至少不是先发生。这种对事件先后的区分完全以结果不能先于原因的观点为基础。如果我们有充足的理由认为 B 是由 A 引起的，或至少有 A 的痕迹，或（通过相关例子）推理出它含有 A 的痕迹，那么 B 的发生显然不应比 A 早。

（2）记住这一点，时间新观念的第二个基础是，实验和观察证明了事件不会以无限高的速度传播，上限正好是光在空气中传播的速度。根据人们的测量，光的速度非常高，每秒可绕赤道7次。光速虽然极高，但并不是无限的，不妨称它为 c。如果我们一致同意这是自然界的一个基本事实，那么上述基于因果关系的"先和后"或"早与晚"的区分就不是普适的、绝对的。这一点不用数学语言很难解释。并不是因为只有复杂的数学结构才能解释清楚，而是因为日常语言中充斥着时间概念——不使用这种或那种时态，你将无法正确使用任一动词。

下面是最简单的但不是完全合适的说明（图3）。假如给定了事

件 A，假定事件 B 发生在 A 后，并在以 A 为圆心 ct 为半径的圆外。那么 B 无法显示 A 的"痕迹"；当然由 A 也无法知道 B 是否出现，因为二者之间不可能有因果联系。然而我们已经说了，B 发生得较晚。于是我们建立的标准就被打破了。无论 A 先还是 B 先，这个标准都无法成立，我们的论证是否还正确呢？

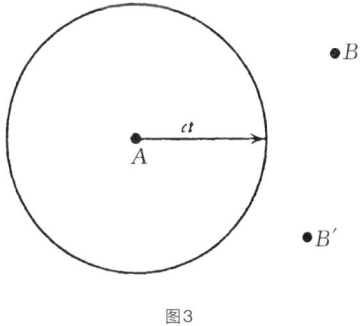

图 3

想象有事件 B' 先于 A，并也在 A 为圆心 ct 为半径的圆外。在这种情况下，同以前一样，B' 的任何痕迹都无法到达 A；当然，B' 也无法显示 A 的痕迹。

因此两种情况下，事件双方都互不影响。就与 A 的因果关系而言，B 和 B' 并没有多大差别。如果我们想把因果关系作为"前和后"的基础，那么 B 和 B' 构成一类既不早于也不晚于 A 的事件。这类事件占据的时空被称为（相对于 A 的）"可能同时性"区域，因为总可以采用一种参考系，使 A 与 B 同时或 A 与 B' 同时发生。这是爱因斯坦 1905 年的发现，被称为狭义相对论。

对我们物理学家来说，这些结果已成为非常具体的真理。我们在日常工作中经常用到它们，就像使用乘法表或毕达哥拉斯的直角三角形定理一样。我有时好奇：为什么它们会在普通大众和哲学家中引起如此大的轰动呢？我想原因是，它废黜了像暴君一样对我们强征暴敛的"时间"，使我们从原来"前与后"那个无法打破的规则中解放了出来。因为时间的确是最严厉的主人，正如《旧约圣经》前五卷中描述的那样，它公然咨嚣地把我们每一个人的生存限制到70～80年。现在我们可以调侃主人无懈可击的计划，即便是微不足道的戏谑，也让我们感到莫大的安慰，因为这似乎在鼓励我们，整个"时间表"并不像初看那么严格。上面这个思想具有深邃的哲学性，我愿把它称为一种教义式的思想。

爱因斯坦不像我们有时听说的那样，把康德对时间理念化的深刻思考斥为谎言；相反，他在康德成就的基础上又向前迈出了一大步。

我已谈了柏拉图、康德和爱因斯坦对哲学和宗教观的影响。在康德和爱因斯坦之间、爱因斯坦前大约一个世代，物理学上有一次重大事件，它即使没有相对论造成的轰动效应大，也至少和相对论一样能激发起哲学家、街头行人、家庭主妇的兴趣。但事实上这并没有发生。我认为原因是这个思想比相对论更复杂难解，在上述三类人中几乎没有人能理解它，它最多也只能为一两个哲学家接受。这件事是和美国的W. 吉布斯及奥地利的L. 玻耳兹曼联系在一起的。我下面谈一下他们的观点。

几乎很少有例外，自然界中事物的过程是不可逆的。如果我们试着想象，一个现象发生的时间顺序与实际被观察到的相反（就像电影院中倒着放映电影胶片），那么，虽然我们很容易想出这样一种逆序，但它几乎总是和物理学的规律大相径庭。

　　一切事物的总的"方向性"可用力学或热统计学理论来解释，这个解释是玻耳兹曼理论最令人钦佩的成就，得到了应有的赞扬。但我无法在此对这个理论做详细描述，实际上，过细的描述对掌握这个解释的要点也没有必要。如果只把不可逆性看做原子和分子微观结构的一个基本特征，那是远远不够的。不会比"火是热的，因为它有炽热的特性"这类中世纪的纯粹字面解释强到哪里。根据玻耳兹曼理论，任何有秩序的状态都有向无序变化的自然倾向，但反过来却不成立。就像把一副牌仔细排好，由红心7、红心8、红心9、红心10、红心杰克、红心王后、红心国王、红心A开始，然后方片也按同样顺序排列，其他花色依此类推。如果把这副排好的扑克洗一次、两次或三次，它的顺序将逐渐被打乱。但这种混乱化不是洗牌过程的固有特性。我们可以把这副打乱顺序的牌重新再洗，而且洗牌过程是经过精心设计的，让它正好撤销前面洗牌的影响，使扑克恢复原有顺序。然而每个人期待的都是前面一种洗牌的结果，没有人能看到后面一种洗牌过程在实际中发生，因为可能不得不等很长时间才会等到这种情况偶然出现。

　　这就是玻耳兹曼对自然界中所有发生事件的单一方向性的解释的核心，当然这包括有机体从生到死的生命史。"时间箭头"（爱丁顿爵士这样称呼）的优点是它与相互作用的机制无关，在我们的例子中，就是与洗牌的机械操作无关。洗牌，这个运动并没有包含任何过去或将来的概念，本身可以完全逆转，"箭头"这个过去和将来的概念来自统计学的观点。洗牌比喻的重点是，一副牌中只有一种或极少几种排好的次序，但是混乱的顺序却数不胜数。

但是这个理论被再三地反对，甚至反对者中偶尔还有非常聪明的人。反对意见可归结为：它在逻辑上有谬误。如果基本结构无法区别时间的两种方向，而且操作是完全对称的，那么如何经过这种操作，使整体行为，即综合行为明显倾向一方呢？任何在一个方向上出现的行为，在相反方向上也必然出现。

如果以上论据充分，它似乎会给这个理论致命一击，因为它所针对的正是被视为该理论主要优点的观点：从可逆的基本机制中产生出不可逆的事件。

这个论据非常有力，但并不致命。它声称事情在时间一个方向上成立，则在另一个方向上也同样成立，因为从一开始就引进了时间两个方向上的完全对称性。这是正确的，但绝不能仓促下结论说，在任何情形下两个方向都是等价的。你必须采用最谨慎的词语，说在某些特定情况下，它在这个方向或那个方向成立。此外还得补注：在我们所了解的这个特殊世界中，"耗散"（引用了一个偶尔使用的词）只出现在一个方向，我们把这个方向称为从过去到未来。换句话说，必须允许热统计理论通过定义来自行决定时间流逝的方向。（这对物理学家的工作方法产生了重大影响，他决不能再引入任何可以独立地决定时间箭头的概念，否则这座玻耳兹曼建造的美丽大厦就会倒塌。）

我们也许会担心，在不同的物理学体系中，统计学定义给出的时间方向可能并不总是相同的。玻耳兹曼勇敢地面对了这种可能性；他说如果宇宙可以延伸得足够远，或存在年代足够长，那么在世界的一些遥远的地方，时间可能实际上是朝相反方向运动着的。这个观点引起了争论，但不值得进一步争论下去。因为玻耳兹曼当时不知道我们目前所了解的宇宙既不够大，年代也不够久远，从而不能引发大规模的时间倒流。最后请允许我补充一点而不作任何详细解释，即在非常小的时间和空间尺度中，局部的时间倒转已被观察到（在布朗运动中，斯莫卢霍夫斯基[1]）。

在我看来，"时间的统计理论"比相对论对哲学的影响更大。后者虽然引发了巨大变革，却没有触及时间流动的方向性，对于方向性，它只作了假设。而统计理论的建立却是以事件的发生顺序为基础的。这就意味着从时间这个老暴君的统治下获得了解放。于是我觉得，我们在自己脑海中构筑的一切，不会对我们的意识进行专制统治，因为这种力量既不能对它推动，也无法将其摧毁。我相信你们中的某些人会把这称为神秘主义。好在物理学理论任何时候都是相对的，因为它依赖某些基本假设，所以我们可以宣称，现阶段的物理学理论已强有力地表明了意识不会被时间摧毁。

---

1. 布朗运动是指微小粒子受周围媒质分子不平衡碰撞而表现出的无规则运动，这种运动是确定物质由原子组成的观点的重要证据，见本书第一部分。斯莫卢霍夫斯基（1906）在布朗运动的随机理论方面做出了重要贡献。——译者注

第 13 章
感知的奥秘

在最后一章中，我希望能更加详细地论证阿布德拉的德谟克里特的著名论断中已注意到的这个非常奇怪的情况：一方面，我们对于周围世界的了解依赖于我们直接的感知，无论这些知识是来自日常生活，还是来自精心安排的困难实验；另一方面，这类知识无法揭示感知与外部世界的联系，为此，我们在科学发现基础上形成的对外部世界的认识或模式中没有任何关于感知的成分。我认为，虽然所有人都很容易接受和赞同以上论断的前一部分，但并不经常意识到第二部分的内涵，这只因为人们崇尚科学，并相信我们科学家可以凭借"非常精确的方法"去弄清那些可能本身永远无法被人认识的事物。

如果问一名物理学家黄色光是什么，他会告诉你它是波长在590纳米（一纳米为十亿分之一米）范围内的横向电磁波。如果接着问他：黄色来自何处？他会说：在我看来根本没有黄色，只是当这些振动接触到健康眼睛的视网膜时，会使人产生黄色的感觉。如果继续询问下去，你会听到他说：不同波长会产生不同色彩感，但这只有当波长为800～400纳米时才会出现，并不是所有波长的光都会如此。对物理学家来说，红外线（超过800纳米）和紫外线（不足400纳米）与人眼能感受到的800～400纳米的光波是基本相同的现象。眼睛对光的这种特殊选择是如何产生的呢？显然这是对太阳光辐射的一种适应，因为阳光在光波的这个波长区域最强，而到两端逐渐减弱。眼睛感受到最亮的光是黄色，它正好在阳光辐射最强的峰值区域内。

　　我们可能会进一步询问：是否仅仅波长邻近590纳米的光才能产生视觉上的黄色？答案并非如此。760纳米的光波能产生红色，535纳米的光波能产生绿色。将红色光波与绿色光波按一定比例混合后产生的黄色光波与590纳米处的黄色光波感觉上并无区别。分别在单色光照和混合光照下的两个相邻区域看起来完全相同，无法区分彼此。是否能通过波长对色觉作出某些预先判断呢？也就是说，是否色觉与光波的客观物理性质有某种数值联系？答案是否定的。所有这类混合光图都是通过实验发现的，这叫色三角形[1]，但这并不仅仅和波长有关。光谱中的两种光混合产生波长介于其中的光并非普遍规律，例如将光谱两端的红色和蓝色混合后产生的紫色不属于光谱中任何一种单色光。并且，不同人对混合光图和色三角形的感觉略有不同，而那些三色视觉异常（并不是色盲）的人对此的感觉则与常人有很大差异。

　　物理学家对光波的客观描述无法解释色彩感。假如生理学家对视网膜内的变化过程，以及该变化在视神经簇和大脑内引发相应的神经变化过程，有更充分的了解，他们是否能对此做出解释呢？我不这样认为。我们至多可以客观地掌握，每逢在某个特定方向或某个特定视觉感受范围内感觉到黄色时大脑中的变化过程，哪些神经纤维以多大比率被激发，或许甚至可以准确知道它们在特定脑细胞中引起的变化

---

1. 在生理学中，任何颜色都可由红绿蓝三原色混合而得，这个理论的图形表示被称为色三角形。——译者注

过程。但即便是如此细致的了解，也不能告诉我们色彩的感觉，或某特定方向的黄色感觉是如何产生的。对于味觉（甜的或其他的感觉）、生理过程也是同样的。我只想说，任何对神经系统变化过程的客观描述，肯定不包含对"黄色""甜味"特征的解释，正如对电磁波的客观描述中不包含这些特征的解释一样。

对于其他感觉，也是一样。将我们刚研究过的色彩感和听觉做个比较是非常有趣的。在空气中传播的膨胀或收缩的弹性波可以传到我们耳朵中。它们的波长，或准确地说是它们的频率，决定了听到声音的音高。（注意，生理学中使用频率而不是波长来描述声音，对光也是一样，但频率和波长实际上正好互为倒数，因为真空和空气中光的传播速度并没有明显不同。）我无需告诉你们，可听到的声音的频率范围与可见光的频率范围有很大差异，声音的频率是从 12 Hz ~ 16 Hz 到 20 000 Hz ~ 30 000 Hz，而光的范围则在几百万亿间。但声音的相对变化幅度要更大，包括十个八度变化（可见光还不到一个）；这种变化因人而异，特别是随着年龄变化而不同：音高的上限通常随着年龄的增长而明显下降。但声音最显著的特点是，几种频率不同的音混合后，永远和某一中间频率的音单独产生的音高感觉相同。人们可以在很大程度上区分同时出现的重叠音调，那些有很高音乐造诣的人更是如此。混合许多不同强度、不同特点的较高单音（泛音）会产生所谓的音色。即使只听到一个音符，我们也可凭借音色的不同区分出小提琴、军号、教堂铃声及钢琴等的演奏。即使噪音也有音色，我们可以借此推断出正在发生的事情。就连我的狗也对开启某种铁盒的声音很熟悉，因为我们有时从中取饼干给它吃。所有这些中，重叠声音的频率比是最重要的。如果它们以同样的比例变化，比如无论将留声机唱片的播放速度加快或是减慢，你仍然可以辨认出它的曲调。但是，如果某些分量的绝对频率发生变化，情况就不同了。如果将记录人声的留声机唱片播放得太快，唱片中的元音会发生明显的变化，具体地说，"car"中的"a"就变成了"care"中的元音。一定频率段内连续的音总是不悦耳的，无论它们是有先后顺序、此起彼伏，就像警报声或尖叫的猫，还是同时发出。同时发声很难做到，除了当许多警笛一块鸣响，或者很多猫一起叫时才可能。这又与对光的感觉大不相同，我们通常看到的所有色彩都是光连续混合的结果。无论在绘画中还是大自然里，连续的色彩层次有时异常绚烂。

我们对听觉主要特征的详尽了解缘于对耳朵生理构造的了解。而我们对耳朵生理机制的知识比对视网膜化学的了解准确和丰富得多。耳朵的主要器官是耳蜗，它是一蜷曲的管状骨，类似一种海生蜗牛的壳：它像细小的螺旋式上升的楼梯，越向上越窄。在台阶上，弹性纤维沿楼梯蜿蜒伸展，形成耳膜。耳膜的宽度（或每一根纤维的长度）从"底部"向"顶部"减小。因此，就像竖琴或钢琴的琴弦，不同长度的耳纤维会对不同频率的振动做出机械反应。对于一特定音频，耳膜的某一小区域 —— 不止是一根纤维 —— 做出反应；而对于较高音频，包含较短纤维的耳膜的另一区域做出反应。特定频率的机械振荡在神经纤维中产生了人们熟知的传到大脑皮层特定区域的神经刺激。我们知道，所有神经系统的传导过程都是相同的，其变化只与刺激强度有关；而刺激强度只影响神经脉冲的频率。（不能将神经脉冲的频率与音频相混淆，这两者没有任何关系。）

但情况并不像我们希望的那样简单，如果根据一个人实际拥有的区分音调与音色的细微差异的能力来设计耳朵，一位物理学家可能会设计出全然不同的耳朵构造。当然他也可能获得人类耳朵本来的样子。假设穿过耳蜗的每一根"弦"，只对入射振荡的严格界定的特定频率做出反应，那么一切将简便易行得多。但事实却不是这样。为什么呢？因为这些弦的振荡都经受了强烈的衰减，而这必然会扩大共鸣的范围。于是我们的物理学家尽可能地设法减少阻尼，但这又会导致很糟的后果。也就是说，当产生声音的声波已停止，而我们听到的声音还要持续一段时间，直到我们耳蜗中这个几乎不受阻尼的共鸣器停止活动。这种对音调细微差异的区分是以牺牲对前后声音的及时辨别而获得的。令人迷惑的是，我们的耳朵构造如何能将两者完美地协调起来。

我上面讲到一些细节，是为了让大家认识到无论是物理学家还是生理学家的描述，都没有包含听觉的任何特点。任何这类描述都以同样的一句话结束：神经刺激传到大脑的某一部分，在那里它们被记录成一系列声音。当空气中的压力变化使耳鼓产生震动时，我们可以追随这种变化，我们也能看到声音的运动是如何通过一连串细小的骨头传到另一层膜，进而传到上文描述过的长度各异的纤维组成的耳蜗内膜。我们可以理解，耳蜗中一根振动的纤维如何与相连的神经纤维建立电磁和化学传导。我们可以循着这些传导直至大脑皮层，甚至对那里发生的事情也有一些客观了解。但我们在任何地方都无法解开"如何记录为声音"这个谜。它并没有包括在我们的科学画面中，而是存在于我们正在谈论其耳朵和大脑的这个人的意识中。

我们可以以同样的方式讨论触觉，对冷热的知觉、嗅觉和味觉。

后两种（嗅觉可检测不同气体，味觉则可对不同液体做出判断）通常被称为化学感觉，它们与视觉有共同之处，即对无限种可能的刺激产生有限种的感觉反应。就味觉而言，只是苦、甜、酸、咸和其一定的混合。嗅觉，我认为，要比味觉种类多，特别是某些动物的嗅觉远比人类灵敏得多。物理和化学刺激的哪些客观特性明显影响了动物感觉，这在动物界中有很大差异。例如，蜜蜂的视力强到可看到紫外光；它们是真正有三色视觉（而不是早些实验给出的双色视觉，那时没有注意紫外线）。正如慕尼黑的冯·弗里希（von Frisch）不久前发现，非常有意思的是蜜蜂对光的偏振特别敏感，这帮助它们以一种难以令人理解的精确方式判断太阳的方向。事实上即使是完全偏振的光，人类也无法将它与普通的非偏振的光区别开来。蝙蝠对高频振动（超声波）的敏感远远超出了人类听觉范围的上限；它们自己发出超声波，并用做"雷达"帮助自己避开障碍。人类对冷热的感觉表现出一种碰到极端条件时奇怪的特征：如果没有留意碰到一个非常冷的物体，我们会在瞬间觉得它很热，而且手指有烧灼感。

大约二三十年前，美国的化学家发现了一种奇怪的化合物。我忘了它的化学名称，它是一种白色粉末。有些人觉得它无味，而另一些人则觉得它很苦。这个现象引起了人们极大的兴趣，从那以后人们对它进行了广泛的研究，发现品尝这种特殊物质的"试味员"的味觉有某种天生的特性，与其他条件没有关系，而且这种特性的遗传遵循了孟德尔法则，与血型特征的遗传类似。如同血型遗传一样，作为"试味员"或是"非试味员"，并没有什么令人信服的优势或劣势，只是试味员拥有杂合子里两个"等位基因"中的显性基因而已。依我看，这种偶然发现的物质极不可能是独一无二的，而这种"味道不同"的感觉现象却很可能是非常普遍的。

现在我们回来对光的产生方式及物理学家是如何发现其客观特性的，作略为深入的探讨。我认为迄今为止，人们普遍认为光通常是由电子产生，特别是原子核周围"做某种工作"的电子。电子非红非蓝也非其他颜色；质子、氢原子的原子核，也是如此。但依照物理学家的观点，氢原子中质子和电子的结合，就会产生某些分立的不同波长的电磁辐射。在棱镜或光栅的分离下，电磁辐射的单色成分，借助于某些生理过程就会使观察者产生红、绿、蓝、紫的感觉。从对生理过程的已有了解可以有把握地说，神经细胞并没有因刺激而显示出颜色；神经细胞是否表现出灰色与白色，以及是否与刺激有关，这些与每个人伴随刺激产生的色彩感觉相比，显然并不重要。

我们对氢原子辐射及对这种辐射的客观物理性质的了解，来自发光氢蒸气光谱中某些位置上谱线的观察。这种观察使我们获得了第一手知识，但这绝不是完整的知识。为了获取辐射的完整知识，必须首先消除人们的主观感觉；在这个典型的例子中这一点还是值得继续研究的。颜色本身并不能告诉你任何关于波长的特性；事实上我们早就明白了这一点，例如，如果没有分光镜，一条感觉上是黄颜色的光谱线，按物理学家的看法可能并不是"单色"，而是由许多不同波长的光组成，靠分光镜才能把特定波长的光聚集在光谱特定位置上。无论光源来自何处，在分光镜的同一位置上总表现出同一种颜色的光。但即使这样，色彩的感觉仍无法给我们提供任何直接的线索，去推理光的物理性质、波长，以及撇开色彩辨别能力的其他特性。人类相对较弱的色彩区分能力不会令物理学家满意。事实上正好反过来，可以用波长来对颜色做出适当规定，蓝色的感觉可以先验地认为是由于长波引起，红色是由短波引起，等等。

为了透彻了解来自任意光源光的物理性质，我们必须使用一种特殊的分光镜 —— 衍射光栅 —— 将光分解。如果你用棱镜，预先不知道它对不同波长的光折射到什么角度，因为不同材料的棱镜有不同的折射度。事实上，通过棱镜你甚至无法预先判断；波长越短，折射越强。

衍射光栅的原理远比棱镜简单。在对光的基本物理假设 —— 光是一种波动现象 —— 的基础上，若已测量出每英寸（约为 2.540 厘米）光栅中所包含的等间距沟槽的数量（它的数量级通常是几千个），你就可判断特定波长光的衍射的准确角度。因此反过来，通过"光栅常数"和衍射角度就可推断出波长。在某些情况下（在塞曼和斯塔克效应[1]中很明显），一些光谱线产生了偏振[2]。对此，人眼完全觉察不到，若想完成对它的物理描述，需在分解光束前，在光通过的路径上放一个偏振仪（尼科尔棱镜）。沿着轴慢慢转动棱镜，当转动到某个方向时，一些谱线消失或亮度减至最弱。这就是完全或部分偏振的方向。

这种技术一旦完善，它的应用将远远超出可见光的范围。闪烁蒸气的谱线绝不仅限于可见的区域，它们无法由肉眼具体区分出来。这些谱线构成了很长的、理论上无限的序列。每个序列的波长之间都服

---

1. 塞曼效应是指光谱线在磁场影响下的移动和分裂现象，斯塔克效应是指光谱线在电场影响下的移动和分裂现象。—— 译者注
2. 在垂直于光的传播方向上，电磁场有两个独立的振动方向，称为偏振方向。通常光包含两个偏振分量，而偏振光只有一个分量。用偏振仪可把这两个分量区分开来。—— 译者注

从一个相对简单的数学规则。它对整个序列成立，不管谱线是否在可见光波段的范围内。这个规则首先是在实验中发现的，但目前我们已掌握了相关的理论。在可见光区域外，可以用一块显影板来代替人眼。波长可通过测量长度的方式获得：首先测量光栅常数，即相邻沟槽间的距离（每单位长度沟槽数目的倒数），然后测量显影板上谱线的位置，通过这些测量结果和装置的已知体积，我们可算出折射的角度。

以上方法是众所周知的，但我想强调两点，它们对几乎所有的物理测量都有重要意义。

我在这里详细描述的情况经常被说成是"随着测量技术的完善，观测者逐渐地被越来越精密的仪器所代替"。但事实并非如此；观测者不是逐渐被替代，而是从一开始就被取代。我在前面已试图解释了观察者对色彩的感觉不能为判断光的物理性质提供丝毫线索。在发明光栅和测量长度角度的装置之前，对光的物理性质和成分，即使只是粗浅的了解也不可能。测量仪器的使用是相当重要的一步。虽然这种装置在今后还会逐渐得到完善，但无论多大的改进，这在认识论上并不太重要。对于认识论来说，它们的作用本质上是相同的。

其次，仪器永远无法完全替代观察者；倘若可以完全替代，观察者显然无法获得任何知识。他必须制作仪器；无论在制作过程中，还是在完成制作后，他必须仔细测量仪器的大小，并认真检测可移动的部分（例如圆形角度仪上围绕锥形针滑动的支撑臂），以确认其运动合乎我们的设计要求。诚然，物理学家对于一些测量和检测工作，需依赖生产和出售仪器的工厂，可是所有的信息最终要反馈到某个人或某些人的感官，尽管许多精巧装置的使用已方便了这项工作。最后，在使用仪器进行研究时，不管是直接在显微镜下还是在显影板上测量，不管是角度还是距离，观察者必须读出这些数据。许多装置可以使数据读取工作更加便利，例如通过透明片的光度记录仪，可显示出谱线位置的放大图像。但无论如何，这些数据还得被人读出，观察者的感官最终还是要介入。若不经人的观测，即使最精细的记录也无法说明任何问题。

于是，我们又回到了前面提到的奇特的情况。虽然人的直接感觉无法告诉我们任何光的客观物理性质，感觉作为信息的来源从一开始就被抛弃，但我们最终得到的理论图景完全依赖于错综复杂的各种信息，而这些信息又都是通过我们的直接感知获得的。我们的感觉建立在这些信息之上，由它们合成，但是还不能说它包含了这些信息。然而，在使用以上图景时，我们通常忘掉了感觉，只是一般地知道，光波的概念不是突发奇想而是建立在实验的基础上。

我很惊诧地发现，早在公元5世纪前德谟克里特就清楚地了解了这种奇怪的现象，虽然他并不知道任何可与上述物理测量仪器相比拟的装置（而我前面讲到的装置也只是现在使用的最简单的一种）。

盖仑[1] 为我们保存了德谟克里特的一个论断，其中德谟克里特介绍了智慧与感觉就什么是"真实"的一场争论。智慧说："表面上有色彩，表面上有甜味，表面上有苦味，但实际上只有原子和虚空。"感觉

---

1. Galenus（129 — 199），古罗马医师、自然科学家和哲学家。—— 译者注

反驳说："可怜的智慧，你希望借用我们的论据击败我们吗？你的胜利就是你的失败。"

在这章中，我试图用最基础的科学，物理学中的一些简单的例子来比照两个普通的事实：（a）所有的科学知识都以感觉为基础；（b）然而这样形成的对自然现象的科学观点缺少关于感知的成分，因此无法解释感觉。下面我作一个简单的总结。

科学理论便利了我们的观察和实验。每一个科学家都知道，至少是在一些初步理论确立之前，记忆相当数量的事实很难。令人奇怪的是，当一个逻辑缜密的理论建立后，它的创始人在相关论文或论著中并不描述他们发现的基本事实，或不愿意将它们介绍给读者，而是将它们隐藏在理论的术语里。当然，我在这里绝不是指责这些作者。这种方式虽对于有规律地记忆事实有效，但容易抹去实际观察与通过观察获得的理论间的区别。由于观察总是包含了感觉成分，因此理论很容易被认为可以解释感知；而事实上它永远无法做到这一点。

自传

埃尔温·薛定谔
1960 年 11 月

我和我最好的朋友弗兰策尔（Franzel），实际上他曾是我唯一的挚友，大部分时间都住得相距甚远（或许这是人们经常指责我对待友谊不够真诚的原因）。弗兰策尔学的是生物（准确地说是植物学），而我的专业是物理。在许多夜晚我们漫步于格鲁克街和斯克卢斯街之间，探讨哲学问题。当时，我们并不很清楚那些我们认为的创新思考却已几个世纪来一直萦绕在一些伟大思想家的脑际。教师们难道不总是设法避开这些讨论，害怕其与一些宗教教义冲突从而引发令人不安的质疑？这是我反对宗教的主要原因，但我从未因不信教而受过任何惩罚。

我不能确定弗兰策尔和我的那次重聚是在一战刚结束，还是我在苏黎士的那段日子（1921—1927），或是更晚些时候在柏林（1927—1933）。那次弗兰策尔和我在维也纳郊区的一家咖啡馆里彻夜畅谈，凌晨时分我们依然谈兴很浓。他似乎改变了许多，可能因为那些年来我们并不常通信，而信中也没有太多实质内容。

我或许应该在此前加上我们曾一块阅读理查德·塞蒙的著作。无论是从前还是以后，我都没有和其他任何人一起读一本严肃书籍。理查德·塞蒙的著作不久后便因生物学家们的反对禁止出版了，因为在他们看来他的观点是以"后天习得特征的可遗传性"为基础的。于是他不久便被遗忘了。许多年后,我在B. 罗素[1]的《人类的知识》一书中再次看到了他的名字。B. 罗素致力于研究理查德·塞蒙这位有才华的生物学家,并强调了他的记忆理论的重要意义。

那次重聚后我们很久没有再见面。直到1956年,在我的维也纳巴斯德街4号的公寓里我们有一次非常短的相聚。因为当时还有他人在场,那15分钟短暂得几乎不值得提。弗兰策尔和他的妻子住在我们北部边界的另一端,并不受当局的限制;但是离开那个国家仍很困难。那以后我们没有再见面,两年后他突然辞世。

现在我仍和他的侄儿及侄女是朋友。他们是他最喜爱的小弟弟西尔维奥的子女。西尔维奥是家里最小的孩子,他曾在克雷姆斯行医。我1956年回奥地利时还去那儿探望过他。那时他一定已经病得很厉害了,因为不久后他便病逝。弗兰策尔的一个兄弟 E. 还健在,他是克拉根福一名受人尊敬的外科医生。他曾把我带上艾恩斯坝,并送我安全离开。因为观点不同,我们已失去了联系。

在我1906年进入维也纳大学 —— 我上过的唯一大学 —— 前不久,L. 玻耳兹曼在杜以诺悲惨地结束了他的一生。至今我都无法忘记弗里茨·哈泽内尔[2]对玻耳兹曼工作清晰准确但又不失热情的描述。弗里茨·哈泽内尔是研究玻耳兹曼的专家,也是其理论的继承者。1907年在老土耳肯街原来的演讲厅,没有任何仪式和庆典,他作了那

---

1. Bertrand Russell(1872 — 1970),英国数学家及哲学家。——译者注
2. Fritz Hasenohrl,奥地利物理学家,1904年通过实验证实了质量增大与辐射能量成正比。——译者注

次就职演说。他对玻耳兹曼的介绍给我留下了深刻的印象。我认为玻耳兹曼观点对我的重要意义是无可比拟的，其影响甚至超过了普朗克和爱因斯坦。碰巧的是，爱因斯坦1905年前的早期研究也表现出对玻耳兹曼理论非常热衷。但他通过把玻耳兹曼等式 $S = k \ln W$ 倒过来写，而成为了唯一超越其理论的人[1]。除了我父亲鲁道夫，没有任何人对我的影响超过弗里茨·哈泽内尔。在我和父亲一起生活的那些年中，和父亲聊他的许多兴趣是一件非常愉快的事。对此我将在后面的文章中进一步描述。

当我还是一名学生时就与汉斯·蒂林（Hans Thirring）成为了朋友。我们一直保持着这段友谊。哈泽内尔1916年在战斗中死后，汉斯·蒂林接替了他的职务。汉斯于70岁退休，放弃了可以继续任职的荣誉，把玻耳兹曼教授的席位传给了他的儿子沃尔特。

1911年后，当我还是埃克斯纳（Fritz Exner）的助手时，我遇到了科尔劳施（K. W. F. Kohlrauch），开始了我的另一段长期友谊。科尔劳施因用试验证明了所谓的"施威德涨落"的存在而出名。一战爆发前一年，我们曾一块儿做过"次级辐射"的研究。"次级辐射"可在不同材料的小板上，在最小可能的角度上生成一组伽马射线。在那些年中，我明白了两件事儿：首先，我不适合做实验工作；其次，我周围的环境和人不可能在实验方面再取得大规模的进展。这有许多原因，其中之一是在古老迷人的维也纳，无论初衷如何，错误的大小总是与那些在重要职位上人们的资历成正比，于是明哲保身的态度成了前进的障

---

1. 这里是指爱因斯坦关于涨落理论的工作。——译者注

碍。但愿人们意识到这里需要一些具有伟大思想和卓越智慧的杰出人物，即使这意味着要从遥远的地方引入人才！大气电性及放射性都诞生于维也纳，但是任何想致力于它们的理论研究的人都不得不离开维也纳，到这些理论曾传播到的地方继续他们的工作，就像利泽·迈特纳（Lise Meitner）离开维也纳去了柏林。

回头看看，我很欣慰由于1910—1911年参加预备役军官训练造成的推延，我被指派为弗里茨·埃克斯纳的助手，而没有跟从哈泽内尔。这就意味着我能与K.W.F. 科尔劳施一块做实验，并使用许多精美的实验器材。我把它们，特别是那些光学仪器带到家中尽情地摆弄。我因此学会了调试干涉仪、观测光谱、调和色彩等。我也是这样通过瑞利方程发现了我眼睛的视觉异常（detuer anomaly）。此外，我通过长期的实践了解到了测量的重要意义。我希望更多的理论物理学家能在这一点上和我有共识。

1918年，我们经历了另一场革命。卡尔皇帝退位，奥地利成为了共和国。人们的日常生活基本依然如故。但是，帝国的解体却影响了我的生活。我接受了在切尔诺维茨做一名理论物理学讲师的工作，并打算把所有的业余时间用于对哲学问题更深入的研究中。那时我刚接触到叔本华，他让我了解了《奥义书》中的"统一理论"。

那场战争及其影响对维也纳人意味着我们最基本的生活需求无法保障。饥饿是获胜的协约国选择报复它们敌人无数次潜艇战的惩罚手段。潜艇战如此残暴，以至俾斯麦首相的继承者及追随者们在二战中也只能是在数量而非性质上超出。饥饿在全国蔓延，只有在农场，我们贫困的妇女搞到了一些鸡蛋、奶油和牛奶。尽管这些东西是用编织的大衣和裙子换来的，她们还是受人讥笑，被当做乞丐一样看待。

在维也纳实际已不可能社交待客了。家中没有任何东西可拿出来，即使最简单的菜也要留做周日的午餐。每天在社区厨房的午餐聚会，以某种方式弥补了我们缺少的社交活动。"社区"在德文中与"卑劣的花招"一词容易混淆，因此"社区厨房"经常被称为"低劣的厨房"。我们必须感谢那些把做"无米之炊"视为己任的妇女们。那种情况下，为30或50人做饭毫无疑问要比为3个人做饭容易，此外替别人减轻负担本身就是有益的。

在社区公共厨房，我和我的父母遇到了许多与我们有同样兴趣爱好的人，一些成为了我家的至交。拉多夫妇（Radons）就是其中之一，他们夫妇俩都是数学家。

我觉得我和父母在某方面特别贫穷，那时连我们住的房子都是外祖父的。我们的大公寓（实际是两座公寓合成的一座）位于城里颇贵的一幢楼的五层。家中没有装电灯，部分因为外公不想花安装费，也因为家里人特别是父亲已习惯使用优质汽灯。在那个电灯仍很贵而且效能很低的年代，我们实在看不出使用它们的需要。我们用装有铜反光镜的固态煤气炉替换了原来的旧砖炉。那些日子里很难找到仆人，于是我们希望一切都更简便、易操作。虽然我们厨房还有一个非常大的烧木炭的炉子，我们还是用煤气做饭。这很方便，直到有一天一个上级官僚机构，也可能是市政厅颁布了定量配给煤气的规定。从那以后，每家一天无论需求多少，只允许使用一立方米的煤气。任何人一旦被发现多用，煤气就会被切断。

1919年夏天我们去了卡林西亚省的米尔施塔。父亲那时已62岁，开始表现出了衰老和疾病的早期迹象。但是，我们当时并没有意识到这一点。每当我们出去散步时，他总是落在后面，特别是当路变得陡峭时，他只能停下来装作对周围植物好奇，以此来掩饰自己的疲惫。从1902年起，父亲的主要兴趣一直在植物学方面。夏季他总收集许多标本研究，不是为了建立自己的标本集，而是为了用他的显微镜和切片机对它们进行实验观察。他那时已专门研究形态遗传学和种系发生学，而放弃了对意大利伟大画家的研究和自己在美术方面的兴趣，他曾经画了无数风景素描。他对我们的催促"鲁道夫快点""薛定谔先生，天已晚了"表现出的疲倦，也没有引起我们的重视。我们对此已习惯，认为那是他太专心的缘故。

回到维也纳后，他身体衰弱的征兆表现得更明显，他的鼻子和视网膜经常严重地出血，后来腿上也开始出血。但我们仍没有认为这是某种先兆，并给予足够的重视。我认为他比任何人都早知道自己将不久于人世。不幸的是当时正面临着上文提到的煤气短缺。我们只好使用炭作燃料的灯，父亲坚持自己照看它们。随着一股难闻的气味从他漂亮的书房里冒了出来，他把书房变成了碳化物实验室。20年前，当他和施穆策（Schmutzer）学蚀刻时，正是在这间房子里用酸和氯水浸泡铜和锌片。当时我还在上学，对他做的这些非常感兴趣。如今我让他自得其乐地摆弄他的装置。在战争中服役4年后，我很高兴回到了我热爱的物理学院。此外，在1919年我和一个后来成为我妻子的女孩订了婚，到现在我们已相守了40年。我不知道父亲是否得到了良好的治疗，但我却知道我本应该更好地照顾他。我应该请求理查德·冯·韦特施泰因（Richard von Wettstein）在医学系寻求帮助，他毕竟是父亲最好的朋友。或许更好的医疗建议能使他动脉硬化的速度减慢？只有父亲一人完全清楚，在1917年因缺货关闭了斯特凡广场的油布油毯店后我家的经济状况。

父亲于1919年圣诞夜在自己的旧扶椅上平静地离开了人世。

接下来的一年通货膨胀非常严重，父亲银行微薄的储蓄迅速贬值，不过那点存款也从来就没有使家里摆脱过贫困。他卖波斯毯的收入已不剩一分；他的显微镜、切片仪以及他的相当一部分藏书也被我当做酬劳，送给了为他唱挽歌的人。父亲临终前几个月最大的担心是，当时32岁年富力强的我只能挣1 000奥地利克朗（税前，我确信父亲已把这笔收入报了税，除了我在战争中服役的那几年）。这笔钱实际上什么都做不了。他死前看到，儿子唯一的成功就是得到了一份薪水高一些的职位：在耶拿做马克斯·维恩（Max Wien）的私人讲师及助手。

我和妻子1920年4月搬到了耶拿，留下母亲独自一人，事实上至今我对此都无法释怀。她不得不亲自清扫、整理公寓。我们当时多么不明智！父亲死后，房子的主人——我的外公就相当担心由谁继续支付房租。我们显然无能为力，母亲只好把房间租给一位更富裕的房客，一名为"芬尼克斯"（一家业绩很好的保险公司）工作的犹太商人。当时我未来的岳父好心地帮母亲找到了这个人。于是母亲必须搬走，至于搬到了哪里我也不知道。如果当时我们不是那么愚钝，我们应能预见到，如果母亲能活得再长一些，我们那座家具齐全的大公寓将成为她极好的收入来源。这个看法在后来许多类似的情形中都得到了证实。1917年母亲做了乳腺癌手术，我们认为手术很成功。1921年秋天，她死于骨癌。

我很少记得梦的内容，也很少做噩梦，除了可能很小的时候。但是，父亲死后我反复做同样一个噩梦：父亲仍活着，且知道我把他的精美的仪器和植物学方面的书籍送了人。他该如何对待我这样鲁莽地无法挽回地破坏了他的研究工具？我认为这梦是因内疚引起的，1919—1921年我对父母关心得太少。这可能是唯一的解释，我通常很少会受到恶梦困扰或感到良心不安。

在我童年和青少年时代（1887—1910），父亲对我的影响不仅在教育上，而且在日常生活方面，因为他在家在我身边的时间都比大多数外出工作的男人长。刚开始学习时，除了一位家庭教师每周教我两次，我只需每天上午去文法学校，一周25小时。我很庆幸这些学校保持了这种教育传统。（只有两个下午去接受基督教新教的教育）

在这些场合我能学到很多东西，虽然并不一定总和宗教有关。学校的课程安排是非常可贵的。如果学生愿意，他们有充足的时间思考，跟私人教师学习一些学校没有安排的课程。对我的母校（大学预科学校）我只能由衷赞美：我很少对那儿感到厌烦，当偶尔确实无聊时（我们哲学课的预备课就非常糟糕），我会把注意力转到其他科目，比如法语翻译。

至此我应该加一段更通俗的评论。染色体作为遗传决定性因素的发现，仿佛给了社会可以忽视其他熟知的同等重要的因素的理由，诸如交际、教育和传统等。根据遗传学的观点，这些不像染色体那么重要，因为它们不够稳定。这十分正确，但是也有这样的情况。比如一群塔斯马尼亚"石器时代"的儿童，不久前才被带到英语环境中，接受一流的英语教育，结果使他们具有了英国上流社会的教育水平。难道这不是证明了染色体是和社会环境一块造就了我们？换句话说，每个人的智力水平是由"天生"和"教养"共同决定的。因此学校（不像女王玛利亚·特雷西亚希望成为的那样）在育人方面的作用是无法估量的，相比之下它能取得的政治目的则小得多。良好的家庭学前教育就像培土一样重要，只有培好土，学校才能播种。不幸的是许多人忽视了这一点，他们声称只有未受过良好家庭教育的孩子才应该去学校接受更高的教育（照此推理，他们自己的子女是否就该被排除在高等教育之外？）；而另一些人则属于英国的上流社会，他们认为早早离家是贵族阶层的标志。于是他们用寄宿学校替代了早期家庭教育。即使是现在的女王也得与她的长子早早分开，把他送进这样一个机构。但严格说来，这些都不是我担忧的。只有当我重新意识到，和父亲在一块，我学到了如此多的知识，若他不在身边，我仅从学校受益的将会何其少时，我就会感到非常担忧。父亲的学识远比学校能教我的多得多，这并不因为他比我早30年就开始了学习，而是因为他始终保持着学习的兴趣。如果我要对这个话题细说的话，那将会是一个很长的故事。

不久后，他开始了对植物学的兴趣，而我也如饥似渴地读完了《物种起源》。那以后我们讨论的话题不再像以往一样只是学校教授的内容。当时学校的生物课是不允许讲授进化论理论的，而宗教老师则称其为异端。我很快成为了达尔文理论的热情的追随者（至今仍是），父亲则因受朋友的影响建议我多加谨慎。一方面是自然选择和适者生存，另一方面是孟德尔的法则和德弗莱斯的突变论，两者间的联系还没有被完全发现。事实上直到今天，我仍不明白为什么动物学家总是愿意充分相信达尔文，而植物学家则宁可保持沉默。但大家都能就一点达成一致。说到"都"，我想到了一个人——霍夫赖特·安顿·汉得里希（Hofrat Anton Handlisch），他是自然历史博物馆的一名动物学家，在我认识的父亲的朋友中他是我最喜欢的一位。我们都一致认为进化论的基础是因果关系而不是目的论。没有任何诸如活力、隐德来希[1]、直向进化力等作用于生命体特殊的自然法则、能背离或抵消无生命物质的普遍规律。我的宗教老师会对此观点不悦，但我并不在乎。

我家习惯夏天外出旅行。这不仅活跃了我的生活而且也激发了我对知识的渴求。我记得上中学前一年，我们去了英国。我待在蓝斯盖特母亲的亲戚家。那里长长宽阔的海滩非常适于练习骑驴，学习骑自行车。那很强的潮汐变化吸引了我所有的注意力。沿着海滩搭建有许多活动更衣室。一个人牵着马，总是忙于随着潮水涨落来移动这些小屋。在海峡上我第一次注意到，当在遥远的地平线处的小船还没有出现时，我们就可提前看到船上烟囱冒的烟，这是海洋表面弯曲的结果。

在雷明顿的马德拉别墅，我见到了曾外祖母，人们叫她鲁塞尔，她住的那条街名字也叫"鲁塞尔"。我确信它是根据已过世的曾

---

1. 亚里士多德用潜能和现实来说明世界的生成变化，隐德来希是表达现实的哲学范畴。——译者注

外祖父的名字命名的。母亲的一个姨妈和她的丈夫阿尔弗雷德·柯克（Alfred Kirk）以及他们的6只安哥拉猫（几年后据说变成了20只）也住在那儿。另外，她还养了一只普通的公猫，每次它经历过夜间冒险后，总是很悲伤地返回。于是它被取名为托马斯·贝克特（Thomas Becket，这是那位被亨利二世国王下令处死的坎特伯雷大主教的名字）。当时在我看来，这既没有太大意义，也不十分合适。

早在我还没有学写德文之前，更不用说是在学会写英文前，我就能说流利的英语。这应感谢明妮姨妈，她是母亲最小的妹妹。她在我5岁的时候从雷明顿搬到了维也纳。后来我开始学习英语拼写和阅读时，已对这门语言了解很多，我的英语基础令人吃惊。这应归功于母亲要求我每天花半天练习英语，我那时并不十分乐意。当和母亲一块走在从韦尔堡到因斯布鲁克那座漂亮且那时还很安静的小镇的路上时，母亲总要说："我们一路上要说英语——一句德语都不要讲。"我们也是这么做的。到后来，我才认识到从中获益匪浅，直至今日。虽然我被迫离开了祖国，在国外的日子里，我从来没有感到自己是一个陌生人。

我似乎记得我们曾骑自行车去游览过雷明顿周围的肯尼华和沃里克。我觉得从英国回到因斯布鲁克的路上，我们坐着一艘小蒸汽船逆莱茵河而上，沿途经过了布鲁日、科隆、戈布蓝兹。我记得经过了吕德斯海姆、法兰克福、慕尼黑，然后到了因斯布鲁克。我还能回忆起理查德·阿特美尔的小客房。

我第一次上学便是从那里出发到圣尼古劳斯。因为父母怕我在假期忘了我的ABC和加减法，在秋季通不过入学考试，便送我到那所私立学校接受辅导。后来的几年中，我们几乎总去南提洛尔和克林西亚，有时也在9月去威尼斯待几天。那些日子里我得以看到数不胜数的美丽事物，因为汽车、"发展"和新的疆界，它们如今已不复存在。尽管我是家中唯一的孩子，我认为在那时很少有人像我一样，有那样愉快的童年和少年时代，更不用说今天的孩子了。所有的人对我都很友好，我们彼此间相处得很愉快。但愿所有的老师和家长都牢记应与孩子相互理解！没有彼此间的理解，我们的教育就无法对那些我们负有责任的孩子产生持久的影响。

或许我应该在此讲一些1906 — 1910年我大学时代的事，因为再往后就没有机会提了。我曾在前边提到哈泽内尔精心设计的四年课程（一周只有5小时）对我的影响胜过任何其他。不巧的是，我因无法再推迟兵役而错过了最后一年（1910 — 1911）的学习。但事情并没有想象的那么糟糕，我被派到了克拉科那座美丽的老城。在克林西亚边境（接近莫伯盖特）附近，我度过了一个难忘的夏天。除了哈泽内尔的课外，我上了其他能上的数学课。古斯塔夫·科恩（Gustav Kohn）讲投影几何学。他的讲解严格而清晰，给我留下了深刻的印象。科恩会第一年用完全综合的不用任何公式的方法讲授，第二年则转到用分析的方法讲授。实际上，再没有比这更好的例子来说明公理体系的存在。通过他的讲授，二重性成为了令人振奋的现象，这在平面和立体几何中有些区别。他也向我们证明了费力克斯·克莱因（Felix Klein）的群论对数学发展产生的深远影响。他认为哥德尔大定理[1]的最简单的例

---

1. Goedel于1931年证明了"任意形式系统中不能证明它本身的协调性"，这称为哥德尔不完备定理。对当时数学界普遍持有的数学可以表达绝对真理的论点提出了挑战。——译者注

子是，第四谐元素存在于二维结构中应被当做公理来接受，而它的存在于三维结构中就很容易得到证明。我从科恩那里学到了很多东西，否则这些知识我永远没有时间去学。

同时我参加了耶路撒冷（Jerusalem）的关于斯宾诺莎的讲座，对任何听过讲座的人，那都是一次难以忘怀的经历。他讲了许多伊壁鸠鲁[1]的哲学，"死亡不是人类的敌人"，"对任何事情都不要惊讶"，这些都是伊壁鸠鲁当年讲学时始终牢记于心的。

一年级时我也做了一些化学的定性分析，而且从中受益良多。斯克劳普（Skraup）的关于无机化学分析的课讲得相当好；相比之下，在夏季读过他的讲义后，我发现他的有机化学分析显得逊色一些。实际上它也许比我认为的好得多，但还是无法提高我对核酸、酶和抗体等的理解。因此我只能凭直觉摸索着前进，尽管如此还是有所收获。

1914年7月31日，父亲来到玻耳兹曼路的小办公室告诉我说，我已被应征入伍。克林西亚的普雷迪拉斯特是我的第一营地。我们一块去买了一大一小两只枪。幸运的是，我从未被迫使用过它们，无论对人还是对动物。1938年格拉茨的公寓被搜查时，我把它们交给了那个好心的军官。

---

1. Epicurus（约公元前341—前270），希腊唯物主义哲学家，伊壁鸠鲁学派的创始人。他继承和发展了德谟克里特的原子学说，并认为感觉是判断真理的标准。他的伦理学说认为快乐是生活的目的，而心灵的快乐高于身体的快乐。其学说广泛流传于希腊－罗马时期，延续了4个世纪。——译者注

下面简单讲一下有关战争的情况。普雷迪拉斯特没有什么大战事，只有一次我们误把炊烟当做了警报。我们的指挥官芮因多（Reindl）上尉安排心腹侦察，一旦发现意大利军队沿大山谷而上，向莱不勒湖进发，他们就以烟为号发出警报。于是当发现有人在边境附近烤土豆或是烧柴燃起的烟火，我们就被派去驻守两个观察哨，我负责左边的一个。我们一直在那里守卫了10天，才有人记起召我们回去。在那儿我了解到睡在有弹性的地板（只需一个睡袋、一条毯子）上远比睡在坚硬的地面舒服。此外，我还有一个属于另外性质的发现，那是一种无论从前还是以后我都没有再见过的现象。一天晚上一个执勤的哨兵叫醒我报告，说他看到了许多灯火沿着我们对面的山坡向上移动，显然是向我们的驻地靠近（但巧的是，山的这部分根本没有路）。于是我钻出睡袋，去岗哨上仔细观察。正如那个士兵所说，的确有灯光闪烁，但那是来自几码以外我们鹿砦上方的火光，仿佛圣爱尔摩[1]之火。它们作的"平行运动"是因为观察者自己运动的结果。每当我在夜晚走出宽敞的营垒时，我总会注视那些在屋顶的草尖上漂亮地闪烁的点点火光。这种现象我只见过这一次。

在普雷迪拉斯特度过一段悠闲的时光后，我被派去驻守弗兰岑非斯特，接着去了克雷姆斯，再后来是科莫恩。我也曾经短暂地上过前线，先是加入了格里吉亚的一个小军团，后来到杜以诺。这些军队使用的是非常奇怪的海军装备。后来我们撤到了锡斯泰那。我从那里被派到一个虽然美丽，但相当无聊的观察哨。这个观察哨在普罗塞克附近、的里亚斯特上方900米处。这里我们使用的枪支更加奇怪。我的

1.大海上的一种自然现象，被认为是电光。——译者注

未婚妻安玛丽曾到那儿探望过我。齐塔皇后的兄弟波旁家族的西斯笃亲王也曾去那里视察过。他当时没有穿军装，后来我才知道他实际是我们的敌人，因为他当时在比利时军队服役。他加入比利时军队是因为法国人不允许波旁家族的人加入他们的军队。他那次去的目的是希望奥匈帝国和协约国间达成和平协议，这显然背叛了德国。但不幸的是，他的计划一直未能实施。

　　1916年我在普罗塞克第一次接触到了爱因斯坦的理论。那时有很多自由支配的时间，但理解他的理论仍有很大困难。尽管如此，我当时在页边记的笔记，即使现在看起来思路仍很清楚。每当爱因斯坦提出一个新理论时，他总是阐述得过于复杂。最复杂的莫过于1945年他所谓的"不对称"幺正场论。但也许不只是爱因斯坦这位伟人这样，当人们阐述一个新观点时，复杂总是难免的。就这个理论，W. 泡利[1]那时曾告诉过他没有必要引入许多复杂的量，因为每一个张量等式本来都是分别由一个对称的和一个反对称的部分组成的。直到1952年，在庆祝德布罗意[2]60岁生日出版的专辑中，他与M. B. 考夫曼（Mme B. Kaufman）一块写的一篇文章里，才巧妙地放弃了所谓的"有很强说服力"的论述，而同意了我更简洁的描述。这对他来说的确是迈出了非常重要的一步。

　　大概战争的最后一年，我先是在维也纳做"气象学家"，然后去了菲拉赫、诺伊施塔德，最后又回到了维也纳。这段经历对我相当宝

---

1. Wolfgang Pauli（1900 — 1958），奥地利物理学家，因发现微观粒子的不相容原理而获1945年诺贝尔物理学奖。——译者注
2. Louis de Broglie（1892 — 1987），法国物理学家，因发现物质的波动性而获1929年诺贝尔物理学奖。——译者注

贵，使我避免了跟随部队从满目疮痍、伤痕累累的前线灾难性地溃退。

我于1920年三四月间和安玛丽结了婚。我们到耶拿后，先租有家具的房子住了一阵后，很快又离开了。人们期望我能在奥尔巴赫（Auerbach）教授的课中加进一些最新的理论物理学内容。虽然奥尔巴赫夫妇是犹太人，我的老板维恩夫妇却在传统上反闪米特人[1]，但我们没有因个人恩怨影响我们的友谊，我们彼此都相处得很愉快。这种融洽的关系对我非常重要。但是我听说在1933年，奥尔巴赫夫妇因看到无望逃离希特勒上台后对犹太人的蓄意迫害和侮辱，只得用自杀结束自己的生命。我们在耶拿的朋友中还有 E. 布赫瓦尔德（Eberhard Buchwald）—— 一位刚失去妻子的年轻的物理学家，以及有两个小儿子的埃勒（Eller）夫妇。埃勒夫人去年（1959）夏天到阿尔普巴赫看望过我，这位孤独的妇人家中的3个男人都为自己并不信奉的事业献出了生命。

按年月顺序记述一个人的生平，是我能想得出的事中最枯燥的事。无论回忆自己的一生还是别人的生平，你都会发现值得记述的不外乎是一些偶然的亲身经历或考察，即使事情发生的历史顺序当时对你很重要，现在看起来也无足轻重。这正是我打算将一生按几个阶段作一个简单总结的原因，以便今后参考时无需查找年月顺序。

第一阶段（1887—1920）到我和安玛丽结婚后去德国结束。我把这阶段称为维也纳时期。第二阶段（1920—1927）我称为"漫游的

---

1. 闪米特人即犹太人，也泛指一切说闪语的民族，包括希波莱人、阿拉伯人、亚述人、腓尼基人等。——译者注

开始"。因为在那几年中我先到了耶拿，然后是斯图加特、布列斯劳，最后到了苏黎世（1921）；到我应邀去柏林接替马克斯·普朗克，这一阶段结束。其中1925年在阿罗萨[1]时，我发现了波动力学[2]。1926年我在该方向的研究论文发表。因为这个发现，我应邀到北美进行了为期两个月的巡回讲座，当时正是美国禁酒令成功推行的时期。第三阶段是一段相当不错的时光，我称其为"教与学"阶段。这个阶段截止于1933年希特勒上台，即所谓的"攫取政权"。在准备结束这一年夏季学期时，我已开始将一些私人财物运往瑞士。7月底，我离开了柏林到南蒂罗尔度假。根据《圣日尔曼条约》，南蒂罗尔当时已归意大利所有，所以我们持德国护照仍可进入，但我们却无法进入奥地利。这个俾斯麦宰相的继承者成功地在奥地利实施了被称做"一千马克"的封锁（我妻子无法得到纳粹当局的获准，在她妈妈70岁生日的那天去探望她）。夏天过后，我递交了辞呈，没有再回柏林。他们对我的辞职申请，很长时间没有任何答复。事实上，他们后来根本否认收到了我的申请。当他们得知我被授予了诺贝尔物理奖后，断然拒绝了我的辞呈。

　　第四阶段（1933—1939）我称为"再次漫游"阶段，早在1933年春天，F. A. 林德曼（即后来的谢韦尔勋爵）[3]为我在牛津大学提供了"谋生"的职位。在他第一次访问柏林之际，当我向他表示对现在的情况不满意后，他便向我发出了邀请，他一直恪守他的承诺。于是我

---

1. Arosa，瑞士地名。——译者注
2. 量子力学有两种形式，一是波动力学，二是矩阵力学，前者由薛定谔发现。薛定谔由于此发现而获1933年诺贝尔物理奖。——译者注
3. F.A.Lindemann（Cherwell勋爵），牛津大学实验物理学教授，直接而具体地参与了一些国防的科学技术研究。——译者注

和妻子开着为这次旅行而买的小宝马车离开马尔切西内，穿过贝加莫、莱科、圣哥达、苏黎世、巴黎，到达了布鲁塞尔。当时布鲁塞尔正在召开索尔维会议。从那里我们分头到了牛津。林德曼已经预先做好了安排，聘我为玛格德琳学院的研究员，但我的主要收入来自帝国化学公司（ICI）。

1936年爱丁堡大学和格拉茨的一所大学都请我去作系主任。我选择了后者，这是一个非常愚蠢的选择。无论是选择本身还是其后果都绝无先例，虽然最终的结果还算幸运。1938年我的生活和工作或多或少地受到了纳粹的破坏，但那时正逢德·瓦莱拉[1]要在都柏林创建一所高等教育学院，于是我接受了他的邀请。事实上，如果1936年我去了爱丁堡大学（因为我没有去，马克斯·波恩被任命替代我的职位），该校的E.T.惠特克（E.T.Whittaker），他曾是德瓦莱拉的老师，一定会因为忠于自己的学校而不会推荐我去都柏林。对我来说，都柏林远远胜过爱丁堡。不仅因为爱丁堡的工作负担很沉重，也因为若在英格兰，整个战争中我都会被看做是外来的敌人[2]。

我们的第二次逃亡是从格拉茨经罗马、日内瓦、苏黎世到达牛津。我们在牛津的好朋友怀特黑德（Whiteheads）家里住了两个月。这次我们只能将我们的宝马"格劳陵"留在家中，因为它速度可能太慢，况且我也不再有驾照。因为都柏林学院的建院准备工作当时还没有就绪，我和妻子、希尔德、露特一起在1938年12月去了比利时。起初我在根特大学作为夫兰克讨论班基金的客座教授举办讲演（用德

---

1. de Valera，曾任新芬党主席、共和党领袖，主张以温和态度建立爱尔兰共和国。——译者注
2. 格拉茨在奥地利南部，爱丁堡在英格兰，都柏林在爱尔兰。——译者注

语），后来在海边的拉帕尼待了 4 个月。尽管海边的水母很多，那还是一段美妙的时光。也是在那段时光里，我唯一一次见到了海水的磷藻现象。1939 年 9 月，二战爆发的头一个月，我们取道英格兰到达都柏林。我们因持德国护照在英国人眼中仍是敌人，但多亏了瓦莱拉的推荐信，我们被获准过境。或许林德曼也暗中帮了一些忙。虽然我们一年前有过不愉快的冲突，但他毕竟是一个非常正直的人。作为他朋友温斯顿·丘吉尔的导师，我确信战争时期他通过物理学为捍卫英国起了不可估量的作用。

第五阶段（1939—1956），即"长期流放的岁月"，但这里的"流放"并没有这个词隐含的"苦难"，相反是一段愉快的时光。若不是因为"背井离乡"，我将永远无缘结识这个遥远但美丽的岛国。再没有任何地方能让我如此平安地度过这场纳粹战争，而不受那些令人羞耻的问题的困扰。设想一下，若 17 年来无论有无战争和纳粹，我们一直在格拉茨"戏水"，那将是一种多么单调的生活。为此有时我们彼此间会悄悄地说"感谢元首"。

第六阶段（1956—？）"回到维也纳"。早在 1946 年，奥地利就请我回去任职。当我和瓦莱拉谈起这事时，他立即反对，并向我指出中欧政治形势的动荡，这点他非常对。他虽然在许多方面对我都很好，但一旦我有什么不测，对我妻子的将来却从未表示过关心。他只说如果他遇到类似的情况，也无法确定他妻子将会面临什么样的处境。因此我通知维也纳非常愿意回去，但要等到局势恢复正常。我告诉他们，因为纳粹，我已两次被迫中断工作，只能在别的地方一切重新开始。如果再有第三次，那将毁掉我所有的工作。

　　回首往事，我认为我的决定是正确的。当时在奥地利这块被蹂躏的土地上，生活充满痛苦与艰辛。我向当局陈情给予妻子一笔津贴作为补偿的努力是徒劳的，虽然他们似乎非常愿意弥补他们的过失。那时国家太贫穷（1960年的今天依然如此），无法只给个别一些人发补助而不考虑其他人。因此，我在都柏林又住了10年，对我来说这是非常有价值的10年。我用英文写了许多短篇著作（剑桥大学出版社出版），并继续我的引力"非对称性"理论研究，但这个研究结果却令人非常失望。还有，1948年和1949年，我分别做了两次成功的手术。沃纳先生（Werner）为我摘除了双眼的白内障。1956年，这样的时刻终于到了，奥地利很慷慨地恢复了我以前的职位，同时我接到了维也纳大学的新任命（非常特殊的优待），虽然在我这个年龄，我只能再干两年半。这都要归功于我的朋友汉斯·蒂林和教育部长德里美尔博士（Drimmel）。同时，在我的同事罗布拉彻（Robracher）的积极努力下，促成了对名誉教授新规定的实施，这也相应支持了我的事业。

　　我的编年总结就此结束。我希望能在什么地方加一些不太枯燥的细节和看法。但我决不会毫无遗漏地描绘我的生活，因为我不擅长讲故事，同时我必须漏掉非常重要的一部分，即我和女人的关系。否则，这一定会引出闲言碎语，对别人来说也没有多大意思，最后我认为任何人都不会或不可能在这些事上非常诚实。

　　这是我在今年初写完的总结。偶尔再读一遍会给我带来欢乐，但我不打算继续写下去 —— 那将没有意义。

译后记

罗辽复　罗来鸥
2002 年 9 月

　　奉献在读者面前的这本小书是薛定谔的名著《生命是什么及对意识和物质的思考》。这本书分两大部分，第一部分《生命是什么》是基于作者1943年在英国都柏林三一学院高等研究院的系列讲演，曾单独发表于1944年，以后在1945、1948、1951、1955、1962年多次再版。第二部分包括有关意识和物质的讨论的6篇论文，发表于1956年10月剑桥三一学院的Tarner讲座，以《意识和物质》的书名首次发表于1958年，除了上述两部分外，书末还附了薛定谔本人在1960年写的自传。1967年上面两个部分合在一起，由剑桥大学出版社出版，至今已重印过20余次，这个译本是根据2000年版译出的。

　　埃尔温·薛定谔，1887年生于维也纳，1920—1933年往来于德国、瑞士等地，1925年发现了波动力学（量子力学的一种标准形式），1933年由于这个重大发现获诺贝尔物理奖。1939年后开始在英国定居，直到1956年回维也纳，1962年去世。本书的两个部分都是他在英国时期做的演讲和写的论文。薛定谔的父亲是植物学家，受到父亲的熏陶，薛定谔在幼年时期就对生物学和达尔文进化论有着浓厚的兴趣。也许这提供了一个基础和动力，使他能在物理学中取得如此重大成就后，又转向生命科学的研究。

　　薛定谔的《生命是什么》这本小册子在生物学界极负盛名，被称为"分子生物学中的《汤姆叔叔的小屋》"，意思是指这本书可看做分子生物学的开端，好像《汤姆叔叔的小屋》是黑奴文学的开端一样。在那个传统生物学占统治地位的年代，"这本书的出版给生物学增添了异彩"。很多在生物学中做出过重要贡献的科学家如霍尔丹和克里克，都承认受到过这位具有高度独创性的缜密思维的物理学家在本书中提出的许多观念的影响；事实上，沃森和克里克就是在薛定谔的影响下去分析遗传物质DNA的。正如彭罗斯1991年在本书前言中说："这本书一定会跻身本世纪最有影响的科学著作之列，它代表了一位物理学家力图理解真正的生命之谜的有力尝试。这位物理学家的深刻洞察力在很大程度上已经改变了人们对世界组成的理解。"

　　那么，《生命是什么》这本著作中谈了一些什么问题呢？主要谈了三个问题：一是从信息学（尽管那时中农的信息论还没有诞生）的角度提出了遗传密码（尽管伽莫夫提出DNA密码假设是10年后的事）的概念，提出了大分子 —— 非周期固体 —— 作为遗传物质（基因）的模型；二是从量子力学的角度论证了基因的持久性和遗传模式长期稳定的可能性；三是提出了生命"以负熵为生"，从环境中抽取"序"来维持系统的组织的概念，这是生命的热力学基础。

　　从20世纪的30年代开始，物理学家就开始闯到生物学的前沿 —— 遗传学中来了。因为那个年代生物学已经发展到染色体和基因的水平，为了用实验方法研究遗传就必须研究突变。1927年缪勒发现X射线是强有力的基因突变剂，短时间内就能人工产生几百个突变体。德布吕克在玻尔的影响下，转向了生物学。1932年玻尔在《光和生命》的论文中宣称"用严格的物理学术语来解释生命的本质，我们是否还缺少某些用来分析自然现象的基本资料 …… 在这种情况下，人们不得已把生命的存在看做是无须再作解释的生物学研究起点"。为了寻找玻尔所说的基本资料，德布吕克和生物学家通力合作，研究X射线诱发基因突变的规律，在1935年的论文中指出基因所占的体积大体上与10个原子距离作为边长的立方体相同，也就是说一个基因大约只包含1000个原子。这个结论比遗传学的繁育实验和直接细胞学观察得到的基因体积小三、四个数量级。薛定谔紧紧抓住了这个事实进行了透彻分析。第一，他认为基因中存在一种微型密码，"一个基因，也许是整个染色体纤丝，是一种非周期性的固体"，正是它，包含了足够多的信息，可以充当密码的负载者；第二，他强调一个基因包含原子数量之少，是无法克服涨落效应的；而一种遗传性状可维持若干世代，达几百年之久，这种持久性无法用经典物理学解释。但是上述矛盾可以从刚刚发现的量子力学获得满意解释。因此基因的奥秘中蕴藏了量子力学。薛定谔从空间大小（微型）和时间范围（持久性）两个方面对基因研究后，得到了上面两个极为重要的结论，这构成了生命的分子基础。

20世纪50年代以后分子生物学的发展如火如荼，90年代以后基因信息学的崛起，如旭日东升，究其起源，都和薛定谔这本小书中阐述的观点紧密相关。

基因序列资料的积累已如天文数字，并且还在以指数方式增长。基因信息学去向何处？重温薛定谔的论著，我们受到了进一步的启发。

例如：第一，由微型密码构成的序列如何决定生物大分子系统的结构，从而决定这个系统的生命功能？从密码和序列到生命功能之间，有一个重要环节，这就是结构。因此，由DNA序列预测编码蛋白质的基因及蛋白质三维结构是一个核心问题；第二，如何由序列的各种单元间的相互作用给出基因表达的顺序？生命密码的信息如何在时间轴上展开？第三，如果说，薛定谔微型密码概念的正确性和价值在今天已经得到了充分展示，那么，他的关于遗传稳定性和可变性的量子力学解释似乎尚有更多发挥的余地，这是否将会引起分子进化理论的重大变革呢？

本书第二部分《意识和物质》主要讨论了四个问题（除了第5章科学与宗教中介绍了时间的观念及爱因斯坦、玻耳兹曼有关时间的物理工作外）：

第一，意识的形成与生物体的学习密切相关。一个情景一旦出现，对它的正确反应便形成意识。如果再不断重复这些情景，它又从意识中逐渐隐退，成为无意识反应。从应用的角度讲，构造学习机器（如基于神经网络的学习机）可从这个观点中获得启示。

第二，意识对于生物进化有反作用。行为的变化与体质的变化相平行，后者的偶然变化（据达尔文）会引起前者的变化；而前者的变化，某些特征的有效使用又影响选择，影响体质、器官，使其朝着有利的方向变异。薛定谔认为光靠达尔文的"偶然积累"，无法解释某些物种具有的那些特殊技能、习惯的形成和遗传固定。为了避免人类这个物种的停滞不前，必须注意行为对于进化的意义，因为"高智商的人类可以按自己的选择来行事"。

第三，阐明"客观性原则"作为一种科学方法的必要性。即使对于感知过程的研究，也必须坚持这一原则，即把认知主体排除在客观世界之外。同时薛定谔也深刻地指出这一方法的局限性，"建成我们世界的材料完全产生于作为意识器官的感知……但意识本身在它构建的世界里又是一个陌生者，在这个世界里没有它的生存空间"，"无论生理学发展到多么先进的水平……在任何地方你都看不到性格特征……虽然它们的存在对你来说如此肯定"。科学研究必须借助仪器，但仪器永远无法代替观察者，观察者的感官最终还是要介入，因此上述矛盾仍然存在。

第四，为什么众人意识中的世界是相同的，合成一个单一的世界？为什么单一意识的形成能以许多细胞许多次大脑为基础？前半主要是一个认识论问题，后半则是一个可能尚未完全解决的科学问题。

薛定谔的这本小书给人两个突出的印象。第一，他总是面对原始的科学问题，紧密联系实验，抓住关键。第二，他的逻辑缜密。尽管受生物问题的复杂性和本书的性质所限，没有使用数学，但论述处处体现出严格的逻辑关系。因此，这本书像其他对人类思想有巨大影响的著作一样，"提出了一系列一旦被掌握其真实性就显而易见的论点"。

近代科学是从伽里略、牛顿开始的，已经形成了一种规范，这个科学规范有两个特点。第一是实证性，伽里略继承了文艺复兴的先进思想，"我们的一切知识全都来自我们的感觉能力"，"经验是一切可靠知识的母亲，那些不是从经验里产生、不接受经验检定的学问，那些无论在开头、中间或末尾都不通过任何感官的学问是虚妄无实的，充满谬误的"。唯有充分重视实验，才能摆脱中世纪哲学的桎梏，这是伽里略成为近代科学之父的原因。第二是理性，任何实验都必须与推理相结合，才能去粗取精、弃伪存真，最好的最严密的推理工具是逻辑、是数学，看上去非常隐晦、非常复杂、非常困难的问题，如果懂了逻辑精神，一步一步推理，就变成很简单、很明了、很容易的了。伽里略十分重视数学，他说："自然之书是用数学语言写成的，没有数学，一个人只能在黑暗的迷宫里徘徊"。牛顿《自然哲学的数学原理》一书的写法就是借鉴欧几里得的《几何原本》。试问，如果没有数学的精密的推演，如何能证明天体运动和地面上抛物，是由于同一种力 —— 万有引力呢？所以实证性和理性的结合便形成了四百年来的科学传统和规范，这种结合在物理学中特别是20世纪的物理学中表现得最为完美和富有成果，相对论和量子论是这种结合的典范。薛定谔正是把近代物理学的这种思维方法运用到生命科学的基本问题中来的；这本书取得巨大成功的原因也就不言而喻了。

　　杨振宁在回答成功"秘诀"的问题时，特别提到了两个原因，一个是面对物理学的原始问题，另一个是不排斥数学，要成功地运用数学。这两点和薛定谔在本书中体现出的特点和方法不谋而合。

　　读这本书，给人以享受。当我们学到牛顿定律，$F = ma$；学到量子论，$E = h\nu$；学到相对论，$E = mc^2$；学到统计物理学，$S = k \ln W$，不禁大为惊讶，原来自然界的基本规律是如此简单而美妙！一个对科学怀有兴趣，对自然没有丧失好奇心的人都会想："那么下一个自然科学领域内的自然界的基本规律在哪里呢？"薛定谔这本书似乎告诉我们："你看，它就在那里！闪闪发光！它就埋藏在那里！等待人们去发现。"

在这本书的翻译过程中，我们深感专业科学工作者和语文工作者的密切合作，对于译好一本普及科学思想的名著是多么重要。为了便于读者理解本书的思想，译者在页下增加了一些注，并标明"译者注"字样，以区别于原注。